前言
PREFACE

Animate CC 是 Adobe 公司推出的一款专业矢量动画制作软件，是目前非常流行的网络多媒体制作工具，在多媒体设计方面有着不可替代的地位，主要用于动画设计、Web 设计、多媒体设计等领域。

本书结构编排合理，内容全面，采用图文并茂的方式，对 Animate CC 的各个知识点进行深入分析并提供了大量案例操作，让用户在学习理论知识的同时，能够及时有效地在实际操作中得到巩固，以此提升软件的使用熟练度。本书不仅可以作为普通高等职业院校的专业教材，还非常适合作为初中级读者的入门及提高参考书，尤其是零基础读者。

本书属于实例教程类图书，结合实例以循序渐进的方式详细讲解了 Animate 中的基础知识，绘图工具的选取与使用，图形的绘制与编辑，时间轴、帧与图层的使用，元件、库和实例动画的优化和发布，常用动画的设计与制作，Action Script 脚本的使用，交互式动画、电子贺卡、网络广告等知识，并且结合实用性强的实例操作，以提升对知识的掌握。

本书作者长期从事动画设计与制作相关课程的教学科研等工作。在教学和实践工作中，充分了解动画的教学重点和注意事项，很好地将知识与案例进行有效组合。

本书面向高职院校数字媒体艺术专业、计算机等专业的学生，可作为专业必修课或选修课教材。在撰写过程中，由宜宾职业技术学院专业老师黄欣彬、张娅主编，其中，黄欣彬负责全书规划和统稿，并编写项目九、十、十一，张娅负责在线资源创作，并编写项目七、八，蔡百川负责项目一、二，李启淑负责项目三、四，杨博负责项目五、六，赵春娟负责教材校对，同时汪戎秋、刘馥齐、钱新杰、谢竹青在撰写过程做了大量的辅助工作，在此，向本书全体编写老师的辛勤工作表示衷心的感谢。

编者

2020 年 7 月

高等职业教育艺术设计专业精品系列教材

“互联网 +”新形态立体化教学资源特色教材

Animate CC
动画设计与制作

主　编　黄欣彬　张　娅

主　审　赵春娟

副主编　蔡百川　李启淑　杨　博

编　委　汪戎秋　刘馥齐　钱新杰　谢竹青

中国轻工业出版社

图书在版编目（CIP）数据

Animate CC 动画设计与制作 / 黄欣彬，张娅主编. —北京：中国轻工业出版社，2020.10

ISBN 978-7-5184-3076-5

Ⅰ. ①A… Ⅱ. ①黄… ②张… Ⅲ. ①超文本标记语言—程序设计 Ⅳ. ①TP312.8

中国版本图书馆CIP数据核字（2020）第122248号

责任编辑：李　红　　责任终审：劳国强　　整体设计：锋尚设计
责任校对：吴大鹏　　责任监印：张　可

出版发行：中国轻工业出版社（北京东长安街6号，邮编：100740）
印　　刷：北京画中画印刷有限公司
经　　销：各地新华书店
版　　次：2020年10月第1版第1次印刷
开　　本：889 × 1194　1/16　印张：11
字　　数：260千字
书　　号：ISBN 978-7-5184-3076-5　定价：46.00元
邮购电话：010-65241695
发行电话：010-85119835　传真：85113293
网　　址：http://www.chlip.com.cn
Email：club@chlip.com.cn
如发现图书残缺请与我社邮购联系调换
200284J2X101ZBW

目 录
CONTENTS

项目1　Animate CC基础入门 001

1.1　认识Animate CC 001
1.1.1　Animate的历史与现状 001
1.1.2　Animate CC的特点 003
1.2　Animate CC工作界面 004
1.2.1　Animate CC软件启动 004
1.2.2　界面 004
1.2.3　Animate CC软件工作界面 005
1.3　Animate CC基本操作 008
1.3.1　文档属性设置 008
1.3.2　文档的打开 008
1.3.3　文档的保存 008
1.3.4　Animate CC发布 009
1.3.5　退出Animate CC 011
1.3.6　文件格式 012
1.4　常用面板 012
1.4.1　对齐工具面板 012
1.4.2　颜色面板 012
1.4.3　颜色样本面板 014
1.4.4　属性面板 014
1.4.5　信息面板 014
1.4.6　变形面板 015
1.4.7　库面板 015
1.4.8　历史记录面板 015
1.4.9　动作面板 015

1.5 常用术语......016
1.5.1 矢量图形和位图图像......016
1.5.2 像素与分辨率......016
1.5.3 场景和帧......017
1.6 Animate CC动画的应用......017

项目2 Animate CC绘图工具......019

2.1 Animate CC的绘图工具......019
2.2 选取工具区......019
2.2.1 选取工具......020
2.2.2 部分选取工具......021
2.2.3 任意变形工具......021
2.2.4 3D旋转工具......022
2.2.5 套索工具......023
2.3 绘图工具区......024
2.3.1 钢笔工具......024
2.3.2 文本工具......025
2.3.3 线条工具......027
2.3.4 矩形工具......029
2.3.5 椭圆工具......030
2.3.6 多角星形工具......031
2.3.7 铅笔工具......032
2.3.8 刷子工具......033
2.4 辅助工具区......034
2.4.1 骨骼工具......034
2.4.2 颜料桶工具......036
2.4.3 墨水瓶工具......037
2.4.4 滴管工具......038
2.4.5 橡皮擦工具......039
2.4.6 宽度工具......040
2.5 查看区......040
2.5.1 摄像头工具......040
2.5.2 手形工具......041
2.5.3 缩放工具......041

项目3 元件和库面板的基本操作......043

3.1 元件......043
3.1.1 任务引入......043
3.1.2 知识引入......043
3.1.3 任务实现——按钮的制作......045
3.2 “库”资源......046
3.2.1 任务引入......046
3.2.2 知识引入......047
3.2.3 任务实现——模拟进入空间动画......048

项目4 图形的绘制与编辑 053

4.1 图形的编辑 053
4.1.1 任务引入 053
4.1.2 知识引入 053
4.1.3 任务实现——折扇的制作 055
4.2 图形及场景的绘制 057
4.2.1 任务引入 057
4.2.2 知识引入 057
4.2.3 任务实现——卡通小鸡的绘制 058
4.3 图形工具的应用——绘制卡通风车场景 060

项目5 逐帧动画和补间动画的制作 064

5.1 逐帧动画 064
5.1.1 任务引入 064
5.1.2 知识引入 064
5.1.3 任务实现——打字效果与跑步效果的制作 067
5.2 补间动画 072
5.2.1 任务引入 072
5.2.2 知识引入 072
5.2.3 任务实现——风吹字动画效果 073
5.3 补间动画的设计——叶子生长动画 079

项目6 引导动画和遮罩动画的制作 081

6.1 引导动画 081
6.1.1 任务引入 081
6.1.2 知识引入 081
6.1.3 任务实现——飘落花瓣动画 082
6.1.4 任务实现——环形运动的小车动画 084
6.2 遮罩动画 088
6.2.1 任务引入 088
6.2.2 知识引入 088
6.2.3 任务实现——彩虹文字动画 089
6.2.4 动画综合应用——户外广告牌动画 091

项目7 Action Script脚本的使用 096

7.1 Action Script脚本 096

7.1.1 任务引入……096
7.1.2 知识引入……096
7.1.3 任务实现——波纹跟随鼠标动画……107
7.2 脚本的应用——网站下拉菜单的制作……109

项目8 交互式动画的制作……112

8.1 交互式动画的认识……112
8.1.1 任务引入……112
8.1.2 知识引入……112
8.1.3 任务实现——随机泡泡动画的制作……117
8.2 交互式动画案例——图片切换的制作……120

项目9 组件和动画预设……125

9.1 组件……125
9.1.1 任务引入……125
9.1.2 知识引入……125
9.1.3 任务实现——别墅房产广告……130
9.2 动画预设的应用——啤酒广告……134

项目10 电子贺卡制作……137

10.1 文本编辑……137
10.1.1 任务引入……137
10.1.2 知识引入……137
10.1.3 任务实现——制作贺卡文字……141
10.2 贺卡的制作——新年贺卡……144

项目11 网络广告的制作……152

11.1 网络广告……152
11.1.1 任务引入……152
11.1.2 知识引入……152
11.1.3 任务实现——中国郎酒网站封面……156
11.2 网络广告设计——汽车广告的制作……158
11.2.1 任务知识分析……158
11.2.2 任务操作……158

项目1

Animate CC 基础入门

若扫码失败请使用浏览器或其他应用重新扫码!

PPT 课件

学习目标

1. 了解Animate CC的简介和发展过程。
2. 了解Animate CC的安装、界面及特点。
3. 掌握Animate CC的基本操作方法和技巧。
4. 掌握Animate CC相关的基础知识和应用领域。

1.1 认识Animate CC

Adobe Animate CC（由原Adobe Flash Professional CC更名而来）是由Adobe公司推出的一款专业的动画制作、多媒体创作以及交互式网站设计软件。它拥有动作编辑、全面覆盖排版、生成Sprite表单等众多强大的功能，现已被广泛使用在游戏、广告、小视频、应用程序等行业领域。同时它还为交互式Web站点、手机应用程序开发、创建数字动画、桌面应用程序提供了全面的编辑和创作环境。另外，还创建出很多非常出色的应用程序，包含丰富的声音、图像、动画以及视频和特色效果，可以构建丰富的媒体动画应用程序。Adobe Animate CC界面清新、简洁、友好，使用户能在较短时间内掌握并运用软件。它能实现多种动画特效，是由一帧帧静态图片在短时间内连续播放而形成的视觉效果，表现为动态过程，能满足用户的制作需要，是目前深受欢迎的矢量动画制作软件。

1.1.1 Animate的历史与现状

Animate是目前最优秀的网络动画编辑软件之一，已得到了整个网络界的广泛认可，并逐渐占据网络广告的主体地位。

1.1.1.1 Animate的历史

在Animate出现之前，基于网络带宽不足和浏览器支持等原因，通常网页上所播放的动画只有两种选择：一是借助软件厂商推出的附加到浏览器上的各种插件，观看特定格式的动画，但效果并不理想；二是观看GIF格式图像实现的动画效果，由于该格式只有

256色，加上动画效果单调，不能满足网民的视觉需求，网民强烈希望网上的内容更丰富、更精彩、更富有互动性。

Macromedia公司利用自己在多媒体软件开发上的优势，对收至麾下的矢量动画软件Future Splash进行了修改，并赋予其一个闪亮的名字——Flash。由于网络技术的局限性，Flash 1.0和Flash 2.0均未得到业界重视。1998年，Macromedia公司推出了Flash 3.0，它与同时推出的Dreamweaver 2.0和Fireworks 2.0被称为DreamTeam，即网页三剑客。1999年，Macromedia公司推出了Flash 4.0，Flash技术在网页动画制作中得到了广泛应用，并逐渐被广大用户认识和接受。2000年，Flash 5.0掀起了全球的闪客旋风，把矢量图的精确性和灵活性与位图、声音、动画巧妙融合，其功能有了显著增强，使用它可以独立制作出具有冲击力效果的网页和个性化站点。

Flash 5.0开始了对XMI和Smart clip（智能影片剪辑）的支持。Action Script的语法已经开始发展成一种完整的、面向对象的语言，并遵循ECMAScript的标准，就像JavaScript那样。后来，Macromedia公司陆续发布了新一代网络多媒体动画制作软件——Flash MX，2003年秋，又推出Flash MX 2004。Macromedia公司为Flash加入了流媒体（flv）的支持，使Flash可以处理基于on6v编/解码标准的压缩视频。

时隔两年，Flash发展到了Fash 8.0版本，与前面的版本相比，它具有更强大的功能和灵活性，Flash已不能再被称为矢量图形软件，因为它的处理能力已延伸到了视频、矢量、位图和声音。为了Flash的动画制作技术逐渐跟上时代的潮流，在2015年更名为“Animate”。

1.1.1.2 Animate的现状

2006年，Macromedia公司被Adobe公司收购，由此给Flash带来了巨大变革，2007年3月27日发布的Flash CS3成为Adobe Creative Studio（CS3）中的一员，与Adobe公司的矢量图形软件Illustrator和被称为业界标准的位图图像处理软件Photoshop完美地结合在一起，三者之间不仅实现了用户界面上的互通，还实现了文件的互相转换。更重要的是，Flash CS6支持全新脚本语言Action Script 3.0，Action Script 3.0是Flash历史上的第二次飞跃，此后，Action Script终于被认可为一种“正规的”“完整的”“清晰的”面向对象语言。新的Action Script包含上百个类库，这些类库涵盖了图形、算法、矩阵、XML、网络传输等诸多范围，为开发者提供了一个丰富的开发环境基础。

对网页设计师而言，Animate CC是一个完美的工具，用于设计交互式媒体页面，或专业开发多媒体内容，它强调对多种媒体的导入和控制。针对高级的网络设计师和应用程序开发人员，Animate是不同于其他任何应用程序的组合式应用程序。从表面上看，它是介于位图处理程序和矢量图形绘制程序之间的简单组合体，但它的功能却比简单的组合强大很多，是一种交互式的多媒体创作程序，同时也是如今最为成熟的动画制作程序，适合各种各样的动画制作——从简单的网页修饰到广播品质的卡通片。另外，Animate支持强大、完整的Action Script语言，同时它的runtime还支持XML、JavaScript、HTML和其他内容能够以多种方式联合使用。因此，它也是一种能够和Web的其他部分通信的脚本语言。Flash也可作为前台和图形的引擎，作为一种杰出、稳健的解决方案，从数据库和其他后台资源中获得信息，生成动态Web内容（图形、图表、声音和个性化的Animate动画）。

1.1.1.3 Animate的前景

矢量图形的用户界面设计与开发将在未来成为数字艺术领域的重要分支。无论是创建动画、广告、短片或是整个Animate站点，Animate都是最佳选择，因为它是目前最专业的网络矢量动画软件。不管未来如何发展，矢量图形界面已被公认为是未来操作系统、网站、应用程序、RIA的发展方向，矢量图形界面能给用户带来更丰富的交互体验。

1.1.2 Animate CC的特点

1.1.2.1 矢量格式

用Animate CC绘制的图形可以保存为矢量图形，这种类型的图像文件包含独立的分离图像，可以自由无限制重新组合。但它的特点是放大后图像不会失真，和分辨率无关，文件占用空间较小，非常有利于网络传播。

1.1.2.2 支持多种图像格式文件导入

在动画设计中，前期必然会使用多种图像处理软，如Photoshop、Illustrator、Freehand等制作图形和图像，做好图像后，可使用Animate CC中的导入命令将它们导入Animate中，然后进行动画制作。另外，Animate CC还可以导入Adobe PDF电子文档和Adobe Illustrator10文件，并保留源文件的精确矢量图。

1.1.2.3 支持视/音频文件导入

Animate CC支持声音文件的导入，在Animate CC中可以使用MP3。MP3是一种压缩性能比很高的音频格式，能很好地还原声音，从而保证在Animate CC中添加的声音文件音质好，文件体积小。Animate CC提供了功能强大的视频导入功能，可让用户设计的Animate作品更加丰富多彩，并做到现实场景和动画场景相结合。

1.1.2.4 Animate CC动画文件容量小

通过关键帧和组件技术的使用，使得Animate CC输出的动画文件非常小，通常一个简短的动画只有几百“KB”，这就可以在打开网页很短的时间内对动画进行播放，同时也节省了上传和下载的时间。

1.1.2.5 制作简单且观赏性强

相对于实拍短片，Animate CC动画有着操作简单、制作周期短、易于修改和成本低等特点，同时可以进行各种创意思维和夸张手法的运用，创作出观赏性极强的动画。

1.1.2.6 交互性强

在传统视频文件中，用户只能观看，不能和动画进行交流，而Animate CC可以在一段动画中添加一个小游戏，它内置的Action Script脚本运行机制可以让用户添加任何复杂的程序，这样就能实现炫目的效果，来增强对交互时间的动作控制。另外，脚本程序语言在动态数据交互方面有了重大改进，ASP功能的全面嵌入使得制作一个完整意义上的Animate动态商务网站成为可能，用户甚至还可以用它来开发一个功能完备的虚拟社区。

1.2 Animate CC工作界面

1.2.1 Animate CC软件启动

Animate CC成功安装后，双击桌面上的Animate CC快捷图标，就可以启动并进入Animate CC的工作界面了。

若要启动Animate CC，可执行以下操作之一：

（1）选择“开始→程序→Adobe Animate CC”命令，即可启动Animate CC软件。

（2）在桌面上双击“Adobe Animate CC”的快捷方式。

（3）双击Animate CC相关联的文档。

－提　示－

在Adobe Animate CC命令上右击鼠标，在弹出的快捷菜单中选择“发送到→桌面快捷方式”命令，即可在桌面上创建Animate CC的快捷方式，用户在启动Animate CC时，只需双击桌面上的快捷方式图标即可。

1.2.2 界面

在初始启动界面中，如图1-1所示，包含如下5个功能区域：

（1）“从模板创建”区域。该区域列出了创建新Animate文件常用的模板，单击“更多”按钮，将弹出“从模板新建”对话框，用户从中可选择并创建各类动画文档。

（2）“打开最近的项目”区域。该区域列出了最近打开过的Animate名称，

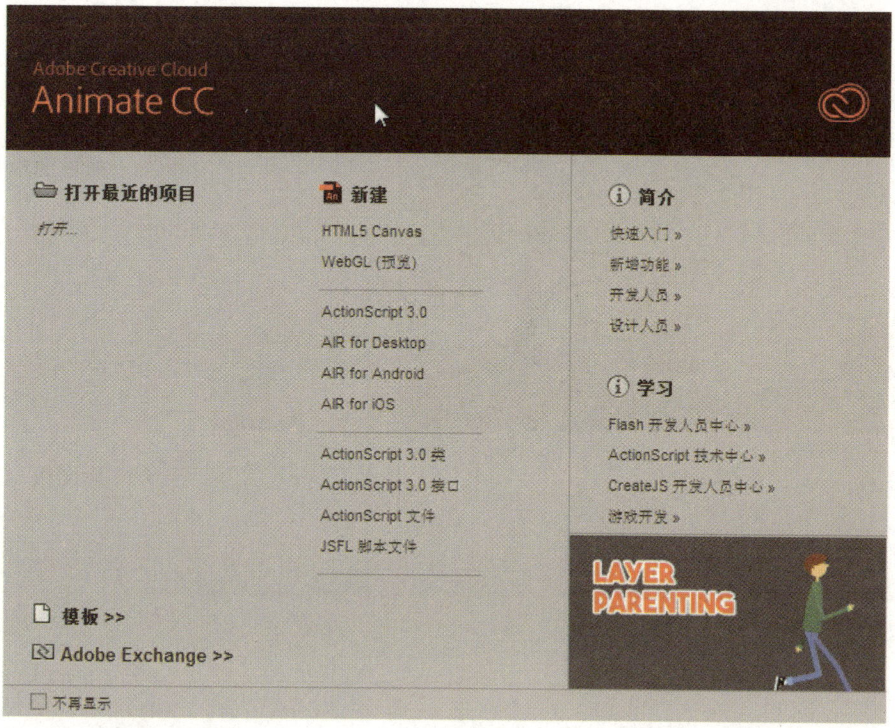

图1-1　启动界面

单击其中一个文件名称，即可打开相应的Animate文档。若单击“打开”按钮，将弹出“打开”对话框，从中可选择一个或多个Animate文档，最后单击“打开”按钮即可。

（3）“新建”区域。该区域列出了Animate可创建的文档类型，用户可根据自己的需要新建一个普通的Animate文件。

（4）“扩展”区域。单击该区域中的链接选项，将打开相应的网页，从中可下载扩展程序、动作文件、脚本、模板及其他可扩展Adobe应用程序功能的项目。

（5）“学习”区域。该区域中罗列了学习Animate的相关知识条目，用户可通过单击超级链接，打开相应的网页，以学习Animate的操作知识。

1.2.3　Animate CC软件工作界面

Animate CC的工作界面主要包括菜单栏、工具箱、时间轴、舞台与工作区，以及一些常用的面板等，如图1-2所示。

1.2.3.1　菜单栏

新版本的菜单栏最左侧是Animate的图标按钮，接着从左往右依次是“文件”“编辑”“视图”“插入”“修改”“文本”“命令”“控制”“调试”“窗口”和“帮助”菜单项。在这些菜单中几乎可以执行Animate CC中的所有操作命令。

与许多应用程序一样，Animate CC的菜单栏包含了绝大多数通过窗口和

图1-2 工作界面

图1-3 菜单栏

面板可以实现的功能。尽管如此，某些功能还是只能通过菜单或相应的快捷键才可以实现。图1-3所示为Animate CC的菜单栏。

【文件】：菜单主要用于一些基本的文件管理操作，如新建、保存、打印等，也是最常用和最基本的功能。

【编辑】：菜单主要用于进行基本的编辑操作，如复制、粘贴、选择及相关设置等，它们都是动画制作过程中很常用的命令组。

【视图】：菜单中的命令主要用于屏幕显示的控制，如缩放、网格、各区域的显示与隐藏等。

【插入】：菜单提供的多为插入命令，如向库中添加元件、在动画中添加场景、在场景中添加层、在层中添加帧等操作，都是制作动画时所需的命令组。

【修改】：菜单中的命令主要用于修改动画中各种对象的属性，如帧、层、场景，甚至动画本身等，这些命令都是进行动画编辑时必不可少的重要工具。

【文本】：菜单提供处理文本对象的命令，如字体、字号、段落等文本编辑命令。

【控制】：菜单相当于Animate CC电影动画的播放控制器，通过其中的命令可以直接控制动画的播放进程和状态。

【调试】：菜单提供了影片脚本的调试命令，包括跳入、跳出、设置断点等。

【窗口】：菜单提供了Animate CC所有的工具栏、编辑窗口和面板的选择方式，是当前界面形式和状态的总控制器。

【帮助】：菜单包括了丰富的帮助信息、教程和动画示例，是Animate CC提供的帮助资源的集合。

1.2.3.2 舞台和工作区

舞台是用户在创建Animate文件时放置内容的矩形选区（默认为白色），如图1-4所示，只有在舞台中的对象才能作为影片输出或打印。而工作区则是以淡灰色显示，使用“工作区”命令可以查看场景中部分或全部超出舞台的元素，在测试影片时，这些对象不会显示出来。

1.2.3.3 工具箱

默认情况下，工具箱位于窗口的左侧，其中包含了选择工具、文本工具、变形工具、绘图工具以及填充颜色工具等（图1-5）。将鼠标指针移到按钮之上，可显示该按钮的名称。

1.2.3.4 时间轴

时间轴由图层、帧和播放头组成，其主要用于组织和控制文档内容在一定时间内播放的帧数。时间轴面板分为左右两个区域：左边是图层控制区域，右边是帧控制区域（图1-6）。

1.2.3.5 图层类型

图层就好比很多张透明的纸，用户在这些纸上画画，然后按一定的顺序将它们叠加起来，就能形成一幅动画。各图层之间可以独立操作，不会影响到其他图层。

（1）普通层。只起到辅助绘图和绘图定位的作用。

图1-4 舞台

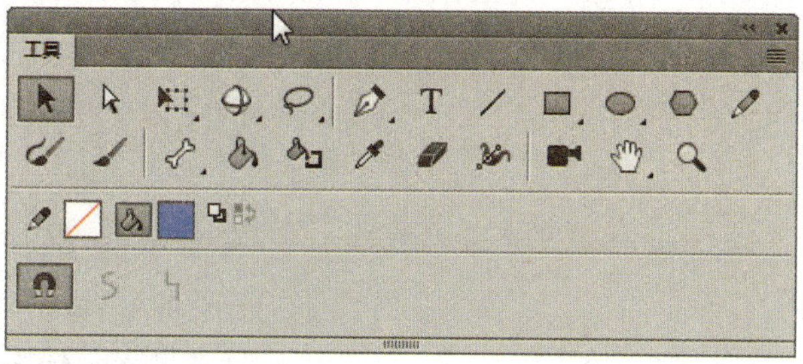

图1-5 工具箱

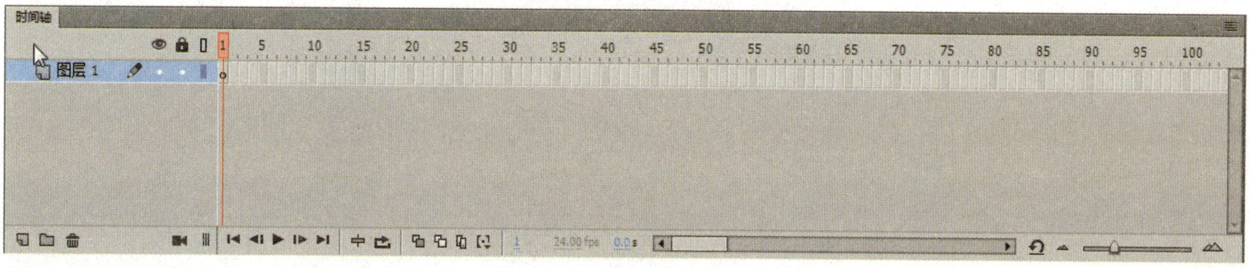

图1-6 时间轴

（2）引导层。用于设置运动对象的运动轨迹，轨迹图案可以为绘制的图形或对象定位，不从影片中输出，在引导层内创建网格、图形或其他对象，可在绘制图形时起到辅助作用。

在制作动画时，可以起到设置运动路径的向导作用。

（3）遮罩层。遮罩层的作用就是将其下面的图层（被遮罩层）遮住。

遮罩层可以看作一块挡板，在其中绘制的任何图形都相当于把这部分挖去，可以通过挖去的“窟窿”看到下面图层的内容。遮罩动画中的遮罩层和被遮罩层只有在锁定的情况下才能预览。

1.3 Animate CC基本操作

在制作Animate动画之前，了解Animate的基本操作是很有必要的。例如，Animate文档的属性设置、打开、保存以及导入素材等。

1.3.1 文档属性设置

设置文档属性是制作动画的第一步，通过属性面板可以设置舞台大小、背景颜色、帧频等。

单击属性面板中的“高级设置”按钮，打开如图1-7所示的“文档设置”对话框。进行舞台大小、舞台颜色和帧频等的相关设置。

1.3.2 文档的打开

在Animate CC中，打开文档的方法有很多种，使用以下任意一种方法均可打开已有的Animate文档。

方法一：在Animate CC的初始界面上单击“打开”按钮。

方法二：双击Animate CC文件的图标将其打开。

方法三：通过文件菜单打开，即选择“文件→打开”命令，或按“Ctrl+O”组合键。

1.3.3 文档的保存

在Animate CC中，保存文档有多种，使用以下任意一种方法即可保存文档（图1-8）。

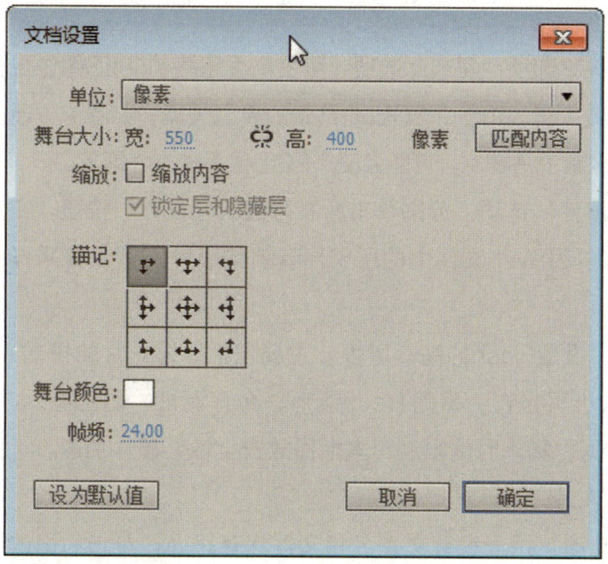

图1-7　文档设置

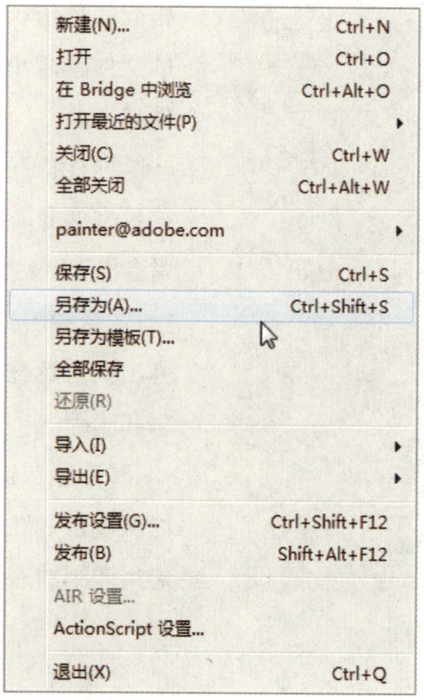

图1-8　文档保存

（1）选择“文件→保存”命令，快捷键“Ctrl＋S”。

（2）选择“文件→另存为”命令，快捷键“Ctrl＋Shift＋S”。

（3）选择“文件→全部保存”命令。

1.3.4　Animate CC发布

选择“文件→发布设置”命令，快捷键“Ctrl＋Shift＋F12”，弹出发布设置对话框（图1-9），用户可以根据需要设置自己想要发布的文件格式，主要包括Animate（swf）、SWC、HTML包装器、GIF图像、JPEG图像、PNG图像、OAM包、SVG图像、SWF归档文件、Mac放映文件和Win放映文件。默认情况下，“发布设置”会生成一个SWF文件和一个HTML文档。

1.3.4.1　Animate（SWF）发布设置

“输出名称”选项：用于设置文件保存的路径，单击后面的“选择发布目标”按钮，可以在弹出的“选择发布目标”对话框中设置发布文件保存路径。

“图像和声音”选项：用于对发布文件的图像和音频进行相应设置。

“JPEG品质”选项：移动滑块或在文本框中输入

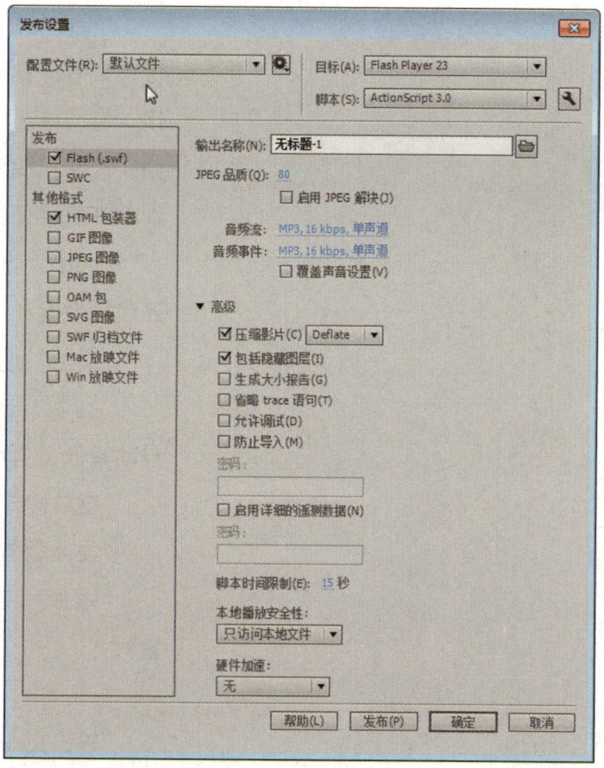

图1-9　发布设置

相应的数值，可控制位图压缩，数值越小，图像的品质就越低，生成的文件就越小；反之数值越大，图像的品质就越高，压缩比越小，文件越大。

“启用JPEG解决”选项：勾选此选项，可使高度压缩的JPEG图像显得更为平滑，即可减少量。由于JPEG压缩导致的典型失真，如图像中通常会出现8像素×8像素的马赛克，可能会使JPEG图像丢失少许细节。

“音频流/音频事件”选项：分别单击两者旁边的“设置”按钮，在弹出的对话框中可以为SWF文件中的所有声音流或事件声音设置采样率和压缩。

“高级”选项：设置Flash的高级属性。主要包括压缩影片的模式、隐藏图层、生成大小写报告、省略Trace语句、允许调试、防止导入、启用详细的遥测数据、脚本时间限制、本地播放安全性、硬件加速。

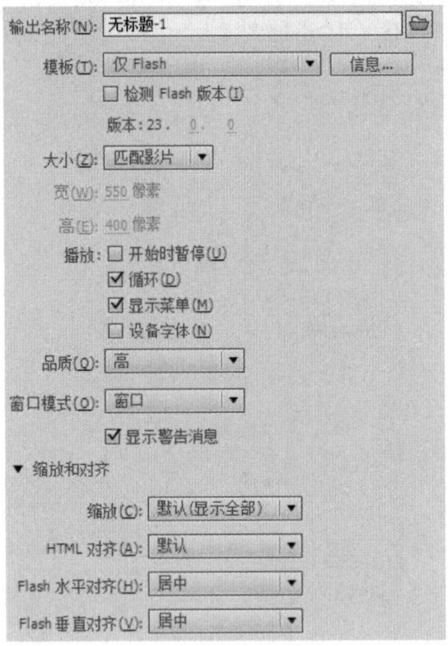

图1-10 发布高级设置

1.3.4.2 HTML包装器发布设置（图1-10）

“输出文件”选项：用于设置文件名和文件保存路径，单击后面的“选择发布目标”按钮，可以在弹出的“选择发布目标”对话框中设置发布文件保存路径。

“模板”选项：可以显示HTML设置并选择要使用的已安装模板，默认选项是“仅Flash”，单击后面的小三角按钮，弹出“模板”列表，包括Flash HTTPS、仅Flash、仅Flash-允许全屏、图像映射、带有AICC追踪的Flash、带有FScommand的Flash、带有命令锚记的Flash。单击“信息”按钮，可以显示所选模板的说明。

“Animate版本检测”选项：如果用户选择的不是“图像映射”模板，只有“模板”选项设置为前3个时，“检测Animate版本”命令才可用。勾选该选项，SWF文件将嵌入包含Flash Player 检测代码的网页中。如果检测代码发现在用户的计算机上安装了可接受的Flash Player版本，则SWF文件便会按要求播放。

“大小”选项：用于设置发布文件的尺寸，默认值为“匹配影片”，还包括像素和百分比。

“播放”选项包括：开始时暂停、循环、显示菜单、设备字体。

“品质”选项：用于设置发布的文件品质。默认为高，还包括低、自动降低、自动升高、中、最佳。

“窗口模式”选项：默认为窗口，还包括不透明无窗口、透明无窗口。

“显示警告消息”选项：在标签冲突时会显示错误信息。

“缩放和对齐”选项主要包括：缩放、HTML对齐、水平对齐、垂直对齐。

1.3.4.3 GIF图像发布设置（图1-11）

“输出文件”选项：用于设置文件名和文件保存路径，单击后面的“选择发布目标”按钮，可以在弹出的“选择发布目标”对话框中设置发布文

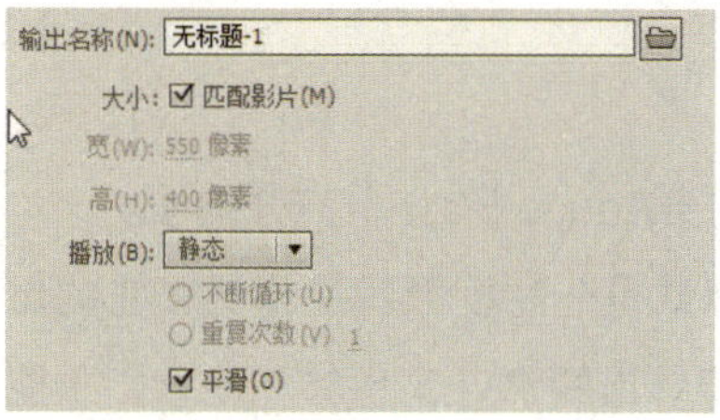

图1–11 输出设置

图1–12 播放选项

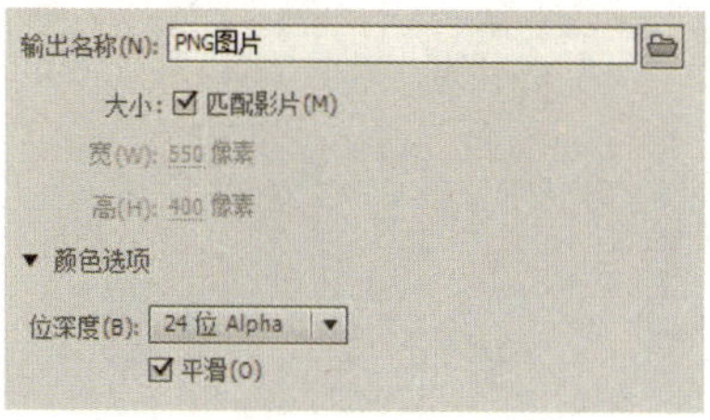

图1–13 品质选项

件保存路径。

“大小”选项：可以设置导出图像的高度值和宽度值。勾选“匹配影片”后，GIF图像和SWF文件大小相同并保持原始图像的高宽比。

“播放”选项：可以设置GIF是静态图或动态图。如果选择动态，动画方式则可以选择不断循环和重复次数。

1.3.4.4 JPEG图像发布设置（图1–12）

“输出文件”选项：用于设置文件名和文件保存路径，单击后面的“选择发布目标”按钮，可以在弹出的“选择发布目标”对话框中设置发布文件保存路径。

“大小”选项：可以设置导出图像的高度值和宽度值。勾选“匹配影片”后，GIF图像和SWF文件大小相同并保持原始图像的高宽比。

“品质”选项：用于设置JPEG图像的压缩程度。勾选“平滑”后，可以加快浏览器加载图片的速度。

1.3.4.5 PNG图像发布设置（图1–13）

“输出文件”选项：用于设置文件名和文件保存路径，单击后面的“选择发布目标”按钮，可以在弹出的“选择发布目标”对话框中设置发布文件保存路径。

“大小”选项：设置导出图像的高度值和宽度值。勾选“匹配影片”后，GIF图像和SWF文件大小相同并保持原始图像的高宽比。

“颜色”选项：主要包括8位、24位、24位Alpha，位深度越高，文件就越大。

1.3.5 退出Animate CC

退出Animate CC的方法有多种，常用的方法有：

（1）在菜单栏中选择“文件→退出”命令，即可退出Animate CC。

（2）还可以在程序窗口左上角的图标上右击鼠标，在弹出的快捷菜单中选择“关闭”命令［图1–14（a）］。

（3）单击程序窗口右上角的“关闭”按钮［图1–14（b）］。

（4）按Alt+F4组合键、按Ctrl+Q组合键等操作退出Animate CC。

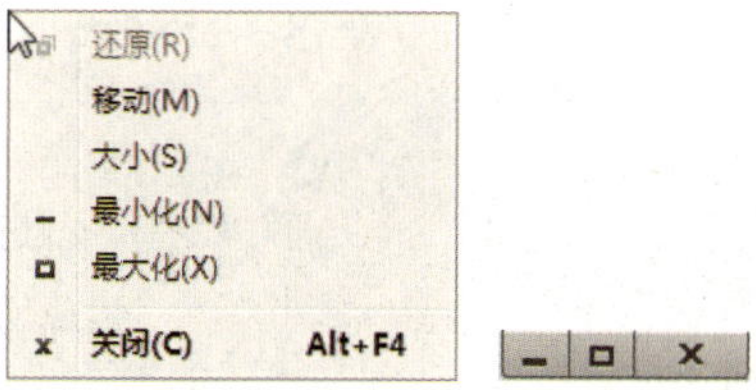

（a） （b）

图1–14 文档关闭

1.3.6 文件格式

Fla：原始文档，只能用Animate CC（前身Adobe Flash）打开编辑。

Flv：Flash Video的简称，FLV流媒体格式是一种视频封装格式，它的出现有效地解决了视频文件导入Animate后，使导出的SWF文件体积庞大，不能在网络上有效使用等缺点。

Swf：这是一个完整的影片档，无法被编辑。Swf在发布时可以选择保护功能，如果没有选择，很容易被别人输入到他的原始档中使用。然而保护功能依然阻挡不了为数众多的破解软件，有不少闪客专门以此来学习别人的程序码和设计方式。

As：Action Script的缩写，是一种编程语言的简单文字档案。FLA档案直接包含 Action Script，但也可以把它存成AS档做为外部链接档案（如定义Action Script类则必须写在as文件里，再通过import加入类），以方便共同工作和进阶的程序修改。

1.4 常用面板

可通过“窗口”下拉菜单打开所需要的常用面板，如属性、库、画笔库、对齐、颜色、信息、变形、样本、组件、历史记录、场景等。

1.4.1 对齐工具面板

可根据要求将被选的多个对象进行各种形式的排列和对齐。选中需要进行对齐的多个对象，按Shift键可进行多选；选择“窗口→对齐”命令，会弹出对齐面板；在对齐面板中根据需要选择相应的对齐方式，如图1-15所示。

1.4.2 颜色面板

选择“窗口→颜色”命令，打开颜色面板，颜色面板主要用来对图形对象进行颜色设置。如果已经在舞台中选定了对象，则在颜色面板中所做的颜色更改会应用到该对象上。可以在RGB，HSB模式下选择颜色，或者使用16进制模式直接输入颜色代码，还可以指定Alpha值定义颜色的透明度。另外，用户还可以通过调色板选择颜色。还有一个“亮度”调节控件可用来修改所有颜色模式下的颜色亮度（图1-16）。

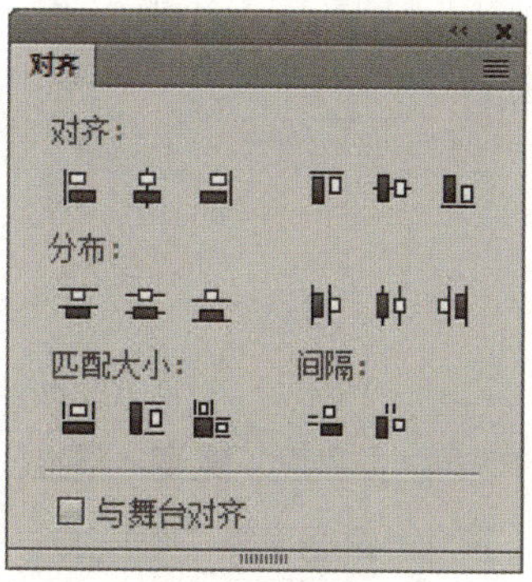

图1-15 对齐对话框

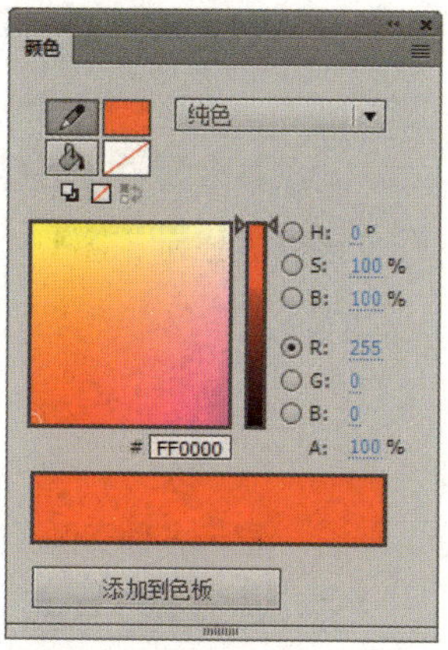

图1-16 颜色面板

1.4.2.1 渐变色的应用

（1）在舞台中选择应用对象，在颜色面板中的“类型”下拉列表中选择一种渐变类型：

① 线性渐变：用于创建从起始点到终点，沿直线逐渐变化的渐变。

② 放射状渐变：用于创建从起始点到终点，按照环形向四周逐渐变化的渐变。

（2）更改渐变中的颜色，单击渐变定义栏下面的任意指针，然后在展开的颜色面板中渐变栏下面的颜色区域内单击鼠标。

（3）向渐变中添加取色框，在渐变定义栏下面单击即可。

（4）重新放置渐变上的取色框，可沿着渐变定义栏拖动取色框。将取色框向下拖离渐变定义栏，可删除它。

（5）保存自定义的渐变色，单击混色器面板右上角的扩展按钮，并从弹出菜单中选择“添加样本”命令，即可将渐变添加到当前文档的颜色样本面板中。

1.4.2.2 纯色的应用

（1）在舞台上选择应用对象。

（2）要选择颜色显示模式，可从颜色面板右上角的扩展菜单中选择RGB或HSB。

（3）在颜色面板的“类型”下拉列表中选择“纯色”选项。单击“笔触”或“填充”图标，指定要修改的属性。

（4）颜色的修改。在颜色面板的颜色列表中单击选择一种颜色。在颜色值文本框中输入颜色值：对于RGB显示，输入的是红、绿和蓝值；对于HSB显示，输入的是色相、饱和度和亮度值；对于16进制显示，输入的是16进制的数值。输入一个Alpha值，指定透明度，其范围从表示完全透明的“0”，到表示完全不透明的“100”。

① 单击“黑白”按钮，返回默认的颜色设置（白色填充，黑色描绘）。

② 单击“交换颜色”按钮，可以在填充色和描绘之间交换颜色。

③ 单击“没有颜色”按钮，将不应用于填充或笔触颜色。

④单击描绘或填充颜色框，将弹出颜色样本面板（图1-17）。

1.4.3 颜色样本面板

用来保存软件自带的，或用户自定义的颜色，包括纯色和渐变色，方便以后重复使用（图1-18）。另外，还可以单击标题栏右侧的扩展按钮，其中提供了对颜色库中各种元素的相关操作。

1.4.4 属性面板

舞台属性、各种实例属性、工具属性等信息都在该面板显示（图1-19）。

1.4.5 信息面板

显示各种实例、图形等信息，如高度、宽度、X轴坐标、Y轴坐标、红色、绿色、蓝色、透明度等（图1-20）。

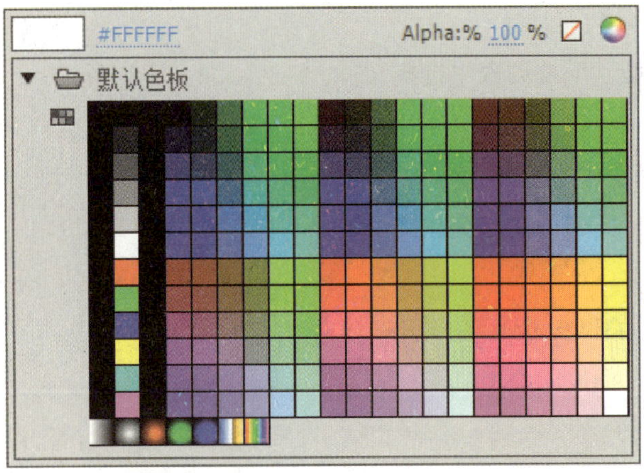

图1-17 颜色样本面板

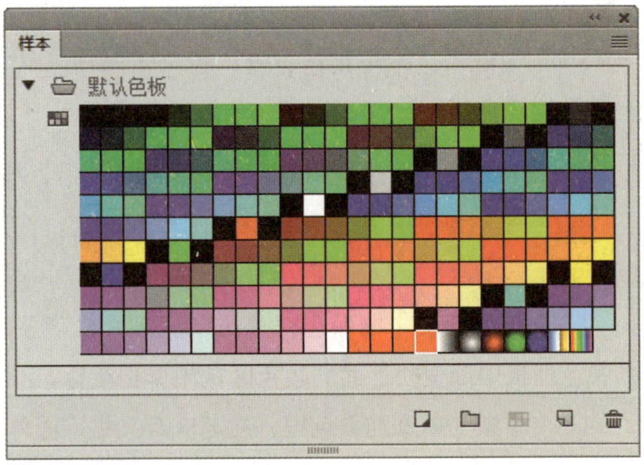

图1-18 颜色样本面板

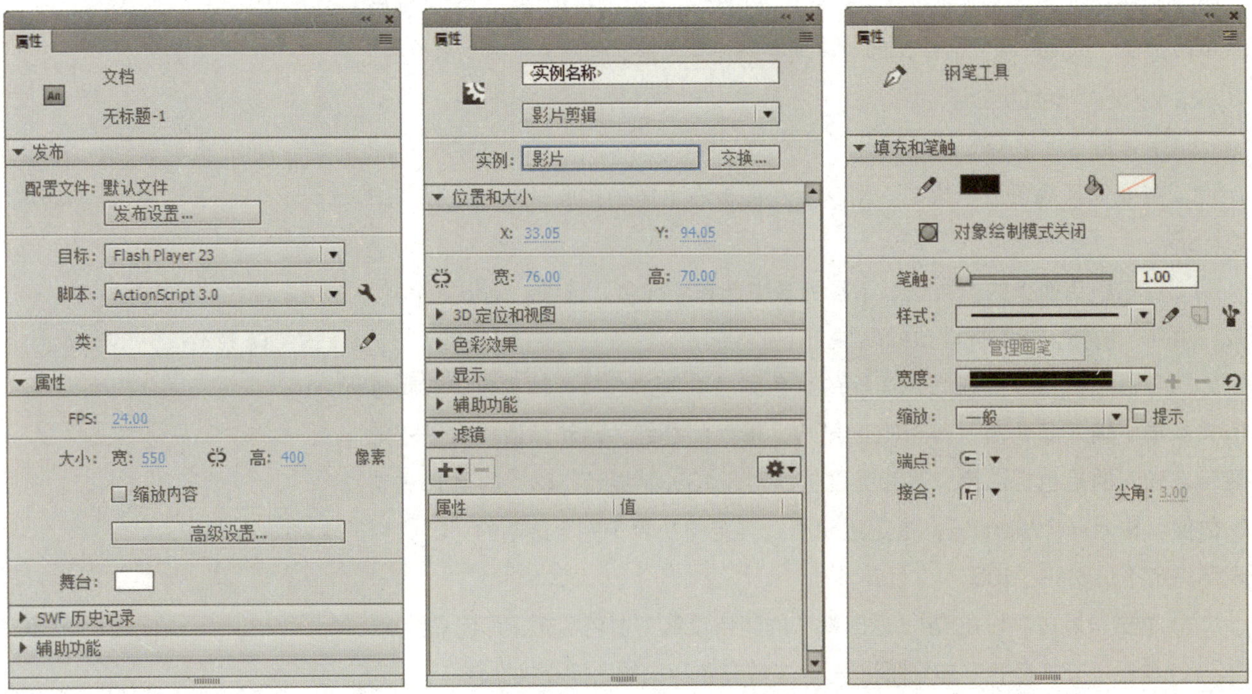

图1-19 属性面板

1.4.6 变形面板

变形面板对图像和实例进行变形操作，包括长宽比例变形、旋转倾斜变形、3D旋转、3D中心、水平镜像和垂直镜像等（图1-21）。

1.4.7 库面板

库面板用来保存外部导入的素材和新建的各种元件，元件主要包括图形元件、影片剪辑元件和按钮元件。

1.4.8 历史记录面板

历史记录面板是进行每一步操作的记录，可以通过历史记录返回到之前操作的过程，从而形成新的历史记录（图1-22）。

1.4.9 动作面板

用来编写脚本程序，通过脚本程序实现相应功能，Animate CC目前采用的是AS3.0版本的脚本（图1-23）。

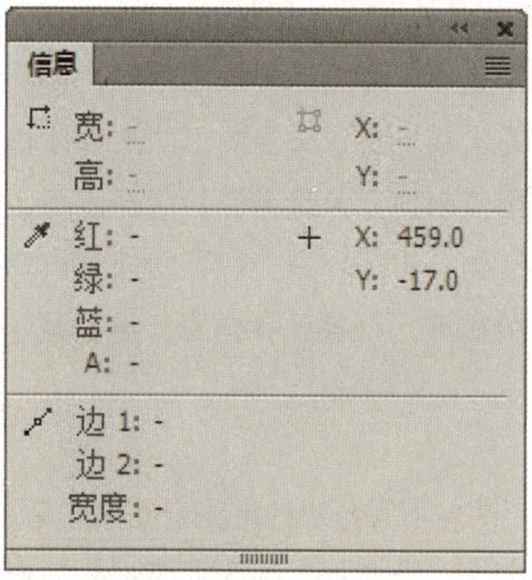

图1-20 信息面板

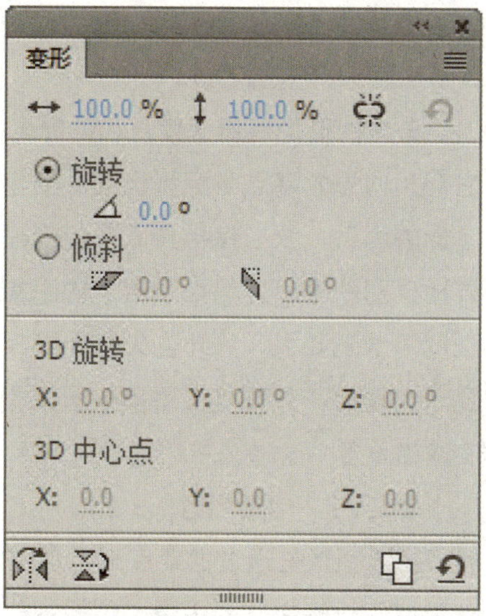

图1-21 变形面板

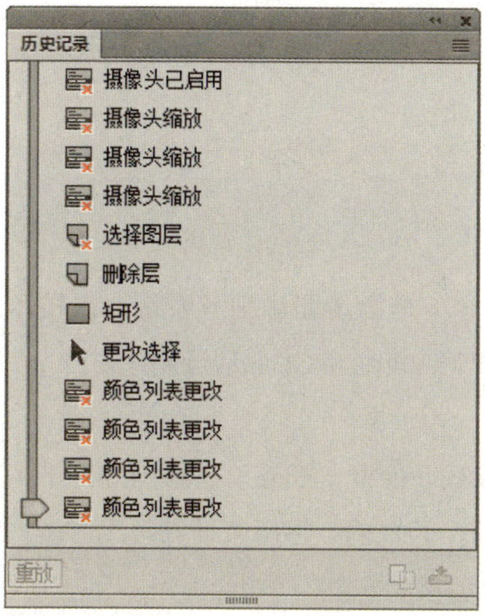

图1-22 历史记录

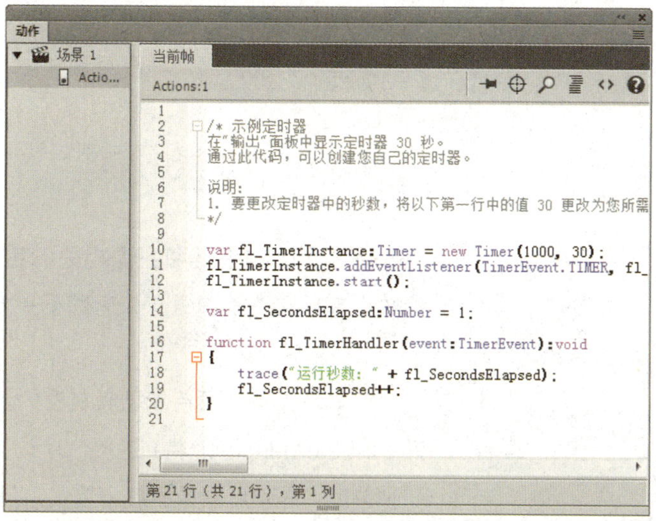

图1-23 动作面板

1.5 常用术语

初次接触Animate CC软件的读者，需要了解Animate CC软件的基本术语，便于后面章节的学习，如矢量图形、位图图像、场景、帧等名词都是初学者需要掌握的。

1.5.1 矢量图形和位图图像

计算机对图像的处理方式有矢量图形和位图图像两种。在Animate CC中用绘图工具绘制的矢量图形，而在使用Animate CC时会接触到矢量图形和位图图像两种，并会经常交叉使用。

1.5.1.1 矢量图形

矢量图形是用包含颜色和位置属性的点和线来描述的图像。以直线为例，它利用两端的端点坐标和粗细、颜色来表示直线，无论怎样放大图像，都不会影响画质，依旧保持其原有的清晰度。通常情况下，矢量图形的文件体积要比位图图像小，但如果对于构图复杂的图像来说，矢量图形的文件体积比位图图像还要大。另外，矢量图形具有独立的分辨率，它能以不同的分辨率显示和输出，即可以在不损失图像质量的前提下，以各种各样的分辨率显示在输出设备中。

1.5.1.2 位图图像

位图图像是通过像素点来记录图像的。许多不同色彩的点组合在一起后，就形成了一幅完整的图像。位图图像存在的方式及所占空间的大小是由像素点的数量来控制的。图像点越多，分辨率越大，图像所占容量也越大。位图图像能够精确记录图像丰富的色调，因而它弥补了矢量图形的缺陷，可以逼真地表现自然图像。对位图进行放大时，实际是对像素的放大，因此，放大到一定程度，就会出现马赛克现象。

1.5.2 像素与分辨率

像素和分辨率是和图像相关的重要概念，是衡量图像细节表现力的技术参数，掌握这些基本概念，有助于更好地学习Animate CC的动画制作。

1.5.2.1 像素

像素是指基本原色素及其灰度的基本编码。像素（Pixel）是由Picture（图像）和 Element（元素）这两个单词的字母所组成的，是用来计算数码影像的一种单位，是构成图像的最小单位，是图像的基本元素。

1.5.2.2　分辨率

分辨率是指单位长度内所含像素点的数量，单位为“像素每英寸”（ppi）。分辨率是屏幕图像的精密度，是指显示器所能显示的像素的多少。由于屏幕上的点、线和面都是由像素组成的，显示器可显示的像素越多，画面就越精细，同样的屏幕区域内能显示的信息也越多，所以分辨率是非常重要的性能指标之一。

1.5.3　场景和帧

1.5.3.1　场景

场景是设计者直接绘制帧图或从外部导入图形之后进行编辑处理，形成单独的帧图，再将单独的帧图合成动画的场所。它需要有固定的长、宽、分辨率、帧的播放速率等。

1.5.3.2　帧

帧是一个数据传输中的发送单位，帧内包含一个信息，在Animate CC中，帧是指时间轴面板中窗格内一个个的小格子，由左至右编号。每帧内包含图像信息，在播放时，每帧内容会随时间轴一个个地放映而改变，最后形成连续的动画效果。帧又称为静态帧，是依赖于关键帧的普通帧，普通帧中不可以添加新的内容。有内容的静态帧呈灰色，空的静态帧显示白色。

关键帧是定义了动画变化的帧，也可以是包含了帧动作的帧。默认情况下，每一层的第一帧是关键帧，在时间轴上关键帧以黑点表示。关键帧可以是空的，可以使用空的关键帧作为停止显示指定图层中已有内容的一种方法。时间轴上的空白关键帧以空心小圆圈表示。

帧序列是某一层中的一个关键帧到下一个关键帧之间的静态帧，不包括下一个关键帧。帧序列可以选择为一个实体，这意味着它们容易复制和在时间轴中移动。

1.6　Animate CC动画的应用

使用Animate制作动画的优点是动画品质高、体积小、互动功能强大，目前广泛应用于网页设计、动画制作、多媒体教学软件、游戏设计、企业介绍等诸多领域。

（1）宣传广告动画。宣传广告动画无疑是Animate应用最广泛的一个领域。

由于在新版Windows操作系统中已经预装了Flash插件，使得Flash在这个领域的发展非常迅速，已经成为大型门户网站广告动画的主要形式。目前新浪、搜狐等大型门户网站都很大程度地使用了Animate动画。

（2）产品功能演示。可以借着使用Animate来制作演示片来让人们了解新开发出来的产品，以至于使人们更了解新产品的功能，以便全面地展示产品的特点。

（3）教学课件。Animate是一个完美的教学课件开发软件，它操作简单、输出文件体积小、交互性很强，非常有利于教学互动。

（4）音乐MTV。自从有了Flash，在网络上实现MTV成为可能。由于其支持MP3音频，而且能边下载边播放，大大节省了下载的时间和所占用的宽带，因此迅速在网上火爆起来。

（5）故事片。提到故事片，相信大家可以举出一大堆经典的Flash故事片，如三国系列、春水系列、流氓兔系列等。搞笑是它们的一贯作风，要达到这种水平，手绘是少不了的，需多加修炼。

（6）网站导航。由于Animate能够响应鼠标单击、双击等事件，因此，很多网站利用这一特点制作出具有独特风格的导航条。

（7）网站片头。追求完美的设计者往往希望自己的网站能让浏览者过目不忘，于是就出现了炫目的网站片头。现在几乎所有个人网站或设计类网站都有网站片头动画。

（8）游戏。提起游戏，就会联想到小小工作室制作的很多非常优秀的作品。其实Animate的功能远远不止这些，但这些足以支撑我们从事挑战性的工作，同时获得创作的乐趣。

项目2

Animate CC 绘图工具

PPT课件

学习目标

1. 掌握铅笔工具、刷子工具、钢笔工具、墨水工具和颜料桶工具的使用方法。
2. 会使用“颜色”面板进行渐变填充，以及使用“对齐”“变形”面板的操作。
3. 掌握基本绘图工具的使用方法。

Animate CC作为一款优秀的交互性矢量动画制作软件，丰富的矢量绘图和编辑功能是必不可少的。Animate CC提供了两种绘图方式：绘制矢量线条和绘制矢量色块，利用它们可以绘制矢量图形。在Animate CC中，创建和编辑矢量图形主要是通过绘图工具箱提供的绘图工具来完成的。

2.1 Animate CC的绘图工具

工具箱如图2-1所示，工具箱中的工具可以绘制、涂色、选择和修改图形，并修改舞台的视图。

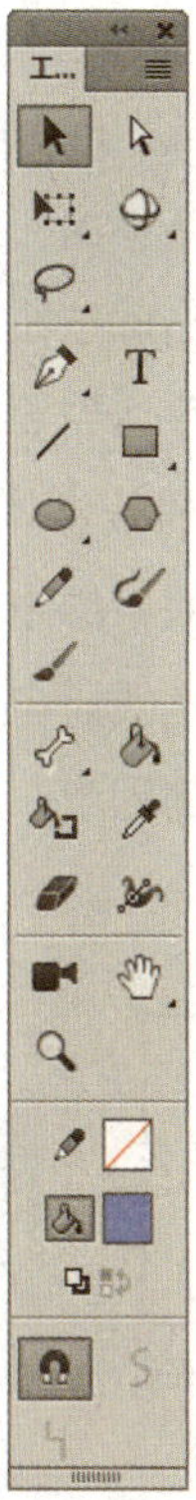

图2-1 工具箱

2.2 选取工具区

选取工具是工具箱中使用率最高的工具之一。它的主要用途是：对工作区中的对象进行选择和对一些线条进行修改。当某一图形对象被选中后，图像将由实变虚，表示已经被选中。在绘图过程中，用户常常需要选择将要处理的对象，然后对这些对象进行处理，而选择对象通常就用选取工具。

2.2.1 选取工具

2.2.1.1 激活选取工具

单击工具箱中的选取工具，一旦被选中，工作区中的光标将变成一个黑色的小箭头，箭头右下角还有一个虚线的矩形框，表示选取工具已被激活，如图2-2所示。

2.2.1.2 选取工具的属性设置

选取工具没有相应的属性面板，但在工具箱的选项面板上有一些相应的附加选项，具体的选项设置如图2-3所示。

（1）对齐对象。打开对齐对象功能后（对齐对象功能图标将变为选中状态），使用选取工具拖动某一对象时，光标处将出现一个小圆圈，将它移动到其他对象的时候，小圆圈会自动吸附上去，就好像有磁铁吸引一样。此功能有助于将两个对象很好地连接在一起，如图2-4所示。

（2）平滑。此功能用于平滑被选中的线条，借此可以消除线条中的一些多余的棱角。选中一个线条后，可多次单击此按钮，对线条进行平滑处理，直到线条的平滑程度达到要求为止。平滑操作可以使曲线变柔和并减少曲线整体方向上的突起或其他变化，同时还会减少曲线中的线段数。不过，平滑只是相对的，它并不影响直线段。如果在改变大量非常短的曲线段的形状时遇到困难，该操作尤其有用。选择所有线段并将它们处理得平滑可以减少线段数量，从而得到一条更易于改变形状的柔和曲线。

（3）伸直。此功能用于平直被选中的线条，借此可以消除线条中的多余弧度，当选中一个线条后，可多次单击此按钮对线条进行平直处理，直到线条的平直程度达到要求为止。

2.2.1.3 使用选取工具

在工作区中使用选取工具选择或编辑对象时，有七种主要的方法，分别介绍如下：

（1）如果只想选择某一个对象，如线条、图形、对象组和文字，只需使用选取工具指向该对象并单击鼠标左键即可。如果是图形，单击轮廓的某一边条并不能选中整个轮廓线，只有通过在某一轮廓线上双击鼠标左键才能将图形的整个轮廓线选中。如图2-5所示为单击轮廓的一条边后的效果，如图2-6所示为在一条边上双击后的效果。

（2）如果选取多个对象，则可以按住Shift键分别点选不同的对象。如果是图形，选中轮廓线时必须双击鼠标左键。

（3）如果要选取整个对象，只需将箭头指向该对象的任何部位并双击即可。

（4）如果要选取某一区域内的对象，将箭头移到该区域，按住鼠标左键并向该区域右下方拖动，这时将出现一个矩形框。一旦放开左键，这个矩形框内的对象都将被选中。如果被选区域包括某一互相连接的实体的一部分，被选中的实体将与原实体断开连接而成为独立的对象。

2.2.1.4 改变线条或形状轮廓

可以使用选取工具在线条上的任意点上拖动。此时指针会发生变化，以指明在该线条或填充上可以执行哪种类型的形状改变。

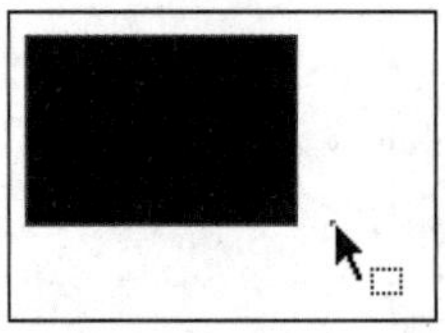

图2-2 激活选取工具

图2-3 选取工具附加功能

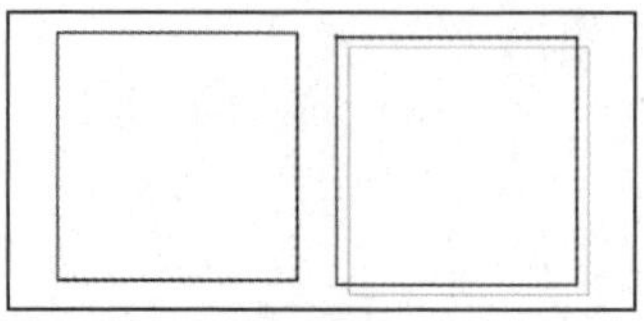

图2-4 对齐功能

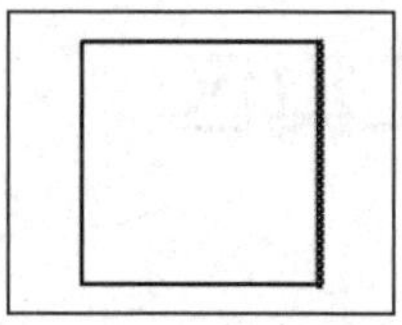

图2-5 单击轮廓边

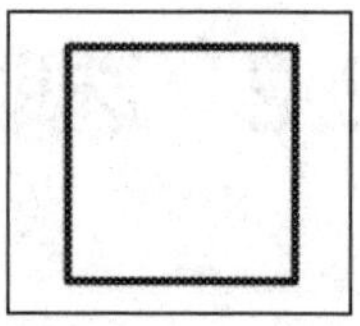

图2-6 双击轮廓边

（1）如果要移动图中的某个拐角点，可以将箭头移到该拐角点的区域，当箭头下方出现一个小直角样的拐角标志，说明拐角已被选中。按住左键并拖动鼠标，该拐角点将跟随鼠标移动。当拐角点移动到指定位置后，释放左键即可。Animate CC会调整线段的曲度来适应移动的新位置。如图2-7、图2-8所示分别是移动拐角前后的效果。

（2）想改变某一线段的曲线形状时，当箭头下方出现一个小弧样的曲线标志，表示该线段已被选中，按住左键并拖动鼠标，该线段将随着鼠标的移动而改变形状，当形状达到要求时，释放左键完成相应的操作。如果在改变复杂线条的形状时遇到困难，可以把它处理平滑，去除一些细节，这样就会使形状改变相对容易一些。提高缩放比率也可以使形状改变更方便且更准确，如图2-9、图2-10所示分别是操作前后的效果。

（3）如果要增加一个拐角，可以将箭头移到任一线段上，当箭头下方出现一个小弧样的曲线标志时，按住Ctrl键拖动鼠标，到适当位置后释放鼠标，即可增加一个拐角。

2.2.2　部分选取工具

部分选取工具可以像选取工具那样选取并移动对象，除此之外，还可以对图形进行变形等处理。当某一对象被部分选取工具选中后，它的图像轮廓线将出现很多控制点，表示该对象已被选中，如图2-11所示。

使用部分选取工具的操作步骤如下：

步骤一　单击工具箱中的部分选取工具，一旦被选中，光标将变成一个空心箭头。

步骤二　在工作区中使用部分选取工具选择要编辑的对象，对象四周将出现一些控制点。

步骤三　对选择的对象进行各种操作。

（1）移动控制点：选择的图形对象周围将显示控制点围成的边框，选择其中一个控制点，光标右下角会出现一个空白的正方形，拖动该点，轮廓会随之改变，从而完成对图形的修改操作（图2-12、图2-13）。

（2）修改控制点曲度：用户还可以选择其中一个控制点来设置图形在该点的曲度。选择某个控制点后，该点附近将出现两个在此点调节图形曲度的控制柄，此时空心的控制点转变为实心，用户可以拖动这两个控制柄，使其变长或改变位置，以实现对该控制点的曲度控制（图2-14）。

（3）移动对象：将部分选取工具靠近对象，当光标右下角出现黑色实心方块时，按下鼠标左键就可以拖动对象了（图2-15）。

2.2.3　任意变形工具

任意变形工具组中包括任意变形工具和渐变变形

图2-7　移动前

图2-8　移动后

图2-9　曲线移动前

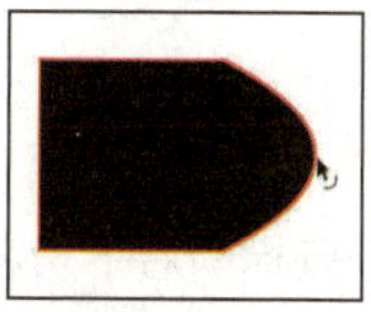
图2-10　曲线移动后

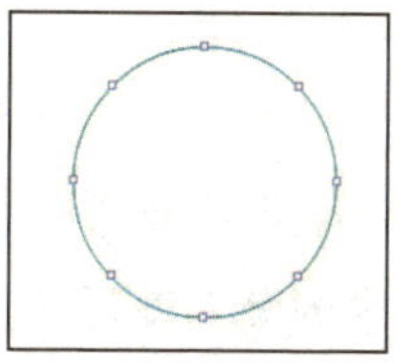
图2-11　部分选取工具选中状态

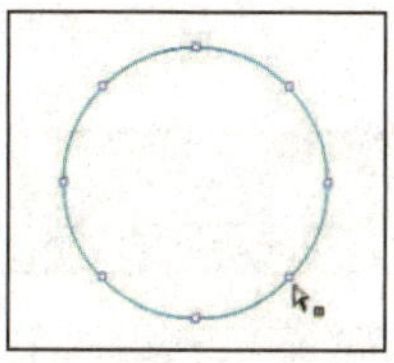
图2-12　修改前

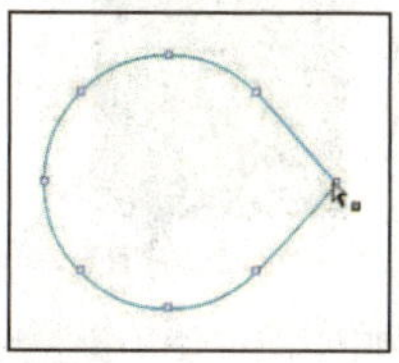
图2-13　修改后

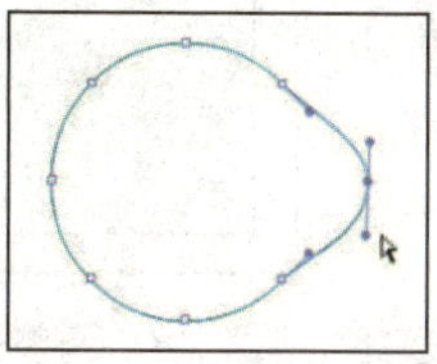
图2-14　修改控制点曲度

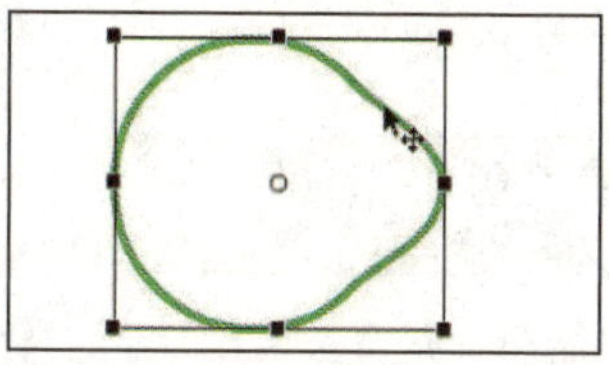
图2-15　移动对象

工具，如图2-16所示。任意变形工具，主要用于对各种对象进行各种方式的变形处理，如拉伸、压缩、旋转、翻转和自由变形等。渐变变形工具，主要用于对对象进行各种方式的填充颜色变形处理，如选择过滤色、旋转颜色和拉伸颜色等。用户可以将选择对象的填充颜色处理为需要的各种色彩。

2.2.3.1 任意变形工具的使用

（1）选中任意变形工具。单击工具箱中的任意变形工具按钮，当任意变形工具被选中，就可以对工作区中选中的对象进行调整了。

（2）属性设置。任意变形工具没有属性面板，只在工具箱的选项中有一些设置（图2-17）。

① 旋转与倾斜：只能对选中对象进行旋转和倾斜操作。

② 缩放：只能对选中对象进行放大或缩小操作。

③ 扭曲：对选择对象进行扭曲操作，只有在将对象分离后，此功能才有效，并且只对四角的控制点有效。

④ 封套：选中此功能后，当前被选中的对象四周会出现更多控制点，用户可以方便地对对象进行精确的变形操作。

（3）使用任意变形工具。选中工具箱中的任意变形工具，在工作区单击将要进行形变处理的对象，对象四周将出现调整手柄。或者先选择对象，再选择任意变形工具，直接出现调整手柄。此时，即可通过调整手柄对选择的对象进行各种变形处理了（图2-18）。

2.2.3.2 渐变变形工具的使用

确定需要用于颜色填充变换的对象；单击工具箱中的渐变变形工具，鼠标的右下角将出现一个具有梯形渐变填充的矩形；选择需要进行填充形变处理的图形对象，被选择图形四周将出现填充变形调整手柄；通过调整手柄对选择的对象进行填充色的变形处理，主要包括渐变色的中心点位置、角度、范围、大小。如图2-19所示，渐变变形工具没有任何属性。

2.2.4 3D旋转工具

3D旋转工具组中包括3D旋转工具和3D平移工具（图2-20）。3D旋转工具，可以在3D空间中旋转影片剪辑实例，3D旋转控件出现在舞台上的选定对象之上，x控件红色、y控件绿色、z控件蓝色，使用橙色的自由旋转控件可同时绕x和y轴旋转。3D平移工具，可以在3D空间中移动影片剪辑实例，在使用该工具选择影片剪辑后，影片剪辑的x、y和z三个轴将显示在舞台上对象的顶部，x轴为红色、y轴为绿色、z 轴为蓝色，可以通过该工具在不同轴上进行平移。

3D平移和3D旋转工具都允许在全局3D空间或局部3D空间中操作对象。全局3D空间即为舞台空间。全局变形和平移与舞台相关。局部3D空间即为影片剪辑空间。局部变形和平移与影片剪辑空间相关。例如，影片剪辑包含多个嵌套的影片剪辑，则嵌套的影片剪辑的局部3D变形与容器影片剪辑内的绘图区域相关。3D平移和旋转工具的默认模式是全局。若要在局部模式中使用这些工具，请单击工具面板的“选项”部分中的“全局”切换按钮。

2.2.4.1 3D旋转工具的使用

（1）在3D空间中旋转单个对象，在工具面板中选择3D旋转工具。通过选中工具面板的“选项”部分中的“全局”切换按钮，验证该工具是否处于所需模式。单击该按钮可在全局模式和局部模式间切换。

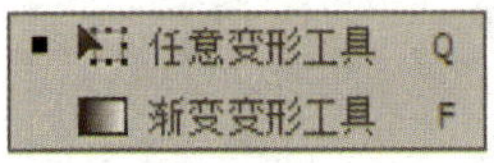

图2-16 任意变形工具组

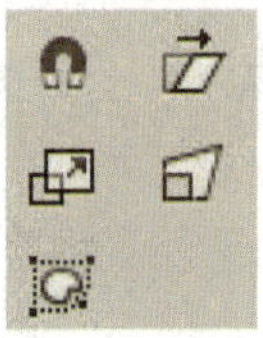
图2-17 任意变形工具附加功能

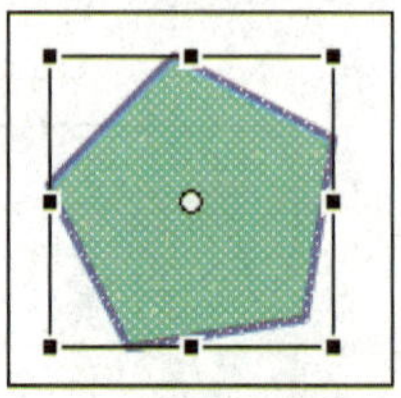
图2-18 调整手柄

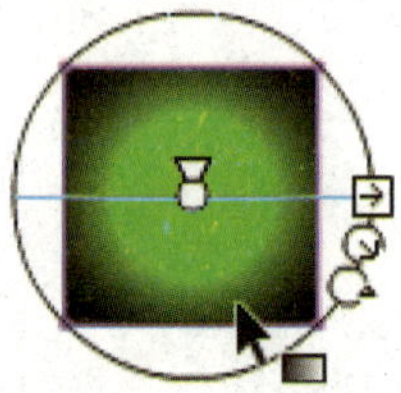
图2-19 使用渐变变形工具

图2-20 3D工具组

（2）在舞台上选择一个影片剪辑。3D旋转控件将显示为叠加在所选对象上。如果这些控件出现在其他位置，请双击控件的中心点以将其移动到选定的对象。将指针放在四个旋转轴控件之一上。指针在经过四个控件中的一个控件时将发生变化。拖动一个轴控件绕该轴旋转，或拖动自由旋转控件（外侧橙色圈）同时绕X和Y轴旋转。左右拖动X轴控件可绕Y轴旋转。上下拖动Y轴控件可绕Y轴旋转。拖动Z轴控件进行圆周运动可绕Z轴旋转。若要相对于影片剪辑重新定位旋转控件中心点，应拖动中心点。若要按 45° 增量约束中心点的移动，应按住Shift键的同时进行拖动。全局3D旋转效果，如图2-21所示；局部3D旋转效果，如图2-22所示。

－注　意－

在为影片剪辑实例添加3D变形后，不能在“在当前位置编辑”模式下编辑该实例的父影片剪辑元件。

2.2.4.2　3D平移工具的使用

在3D空间中移动对象，可以使用3D平移工具在3D空间中移动影片剪辑实例。在使用该工具选择影片剪辑后，影片剪辑的x、y和z三个轴将显示在舞台对象的顶部。x轴为红色、y轴为绿色、z轴为蓝色。3D平移工具的默认模式是全局。在全局3D空间中移动对象与相对舞台移动对象等效。在局部3D空间中移动对象与相对父影片剪辑（如果有）移动对象等效。

－注　意－

如果更改了3D影片剪辑的z轴位置，则该影片剪辑在显示时也会改变其X轴和Y轴位置。这是因为，Z轴上的移动是沿着3D消失点（在3D元件实例属性检查器中设置）辐射到舞台边缘的不可见透视线执行的。

2.2.5　套索工具

套索工具可自由选定要选择的区域，选取工具主要是选择对象。

2.2.5.1　激活套索工具

单击工具箱中的套索工具，鼠标将变成一个套索的形状，表明此时套索工具已被激活（图2-24）。

2.2.5.2　套索工具组

套索工具是常用工具组，主要包括套索工具、多边形工具和魔术棒（图2-25）：

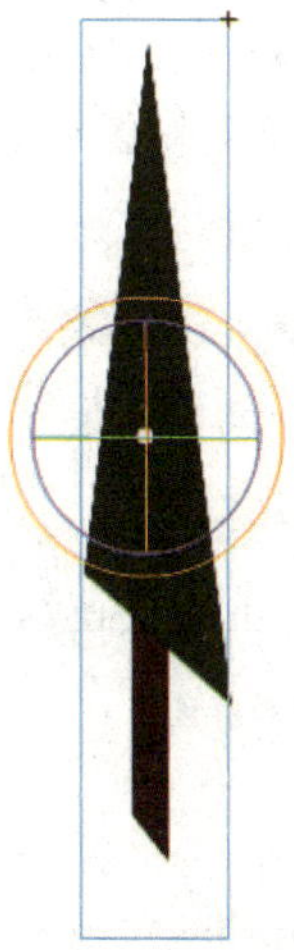

图2-21　全局3D旋转工具叠加

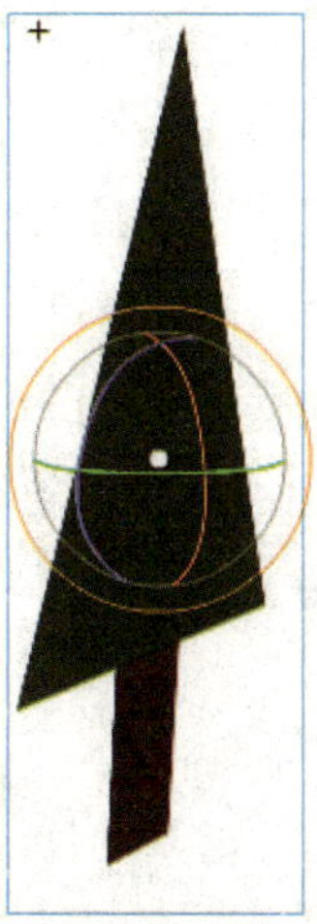

图2-22　局部3D旋转工具叠加

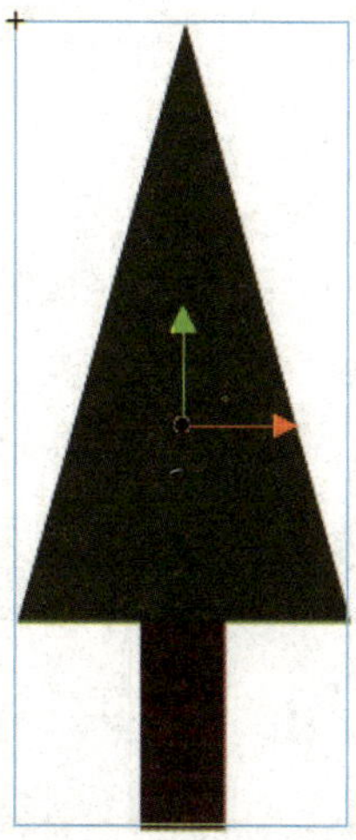

图2-23　3D平移工具叠加

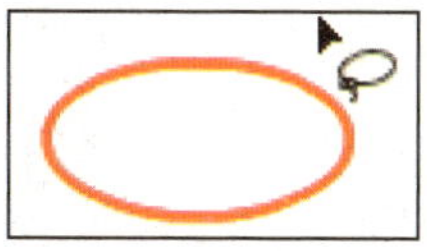

图2-24　激活套索工具

图2-25　套索工具组

（1）多边形模式。单击选择多边形模式，即可切换到多边形套索模式，用户可通过配合鼠标的多次单击勾画出直线多边形选择区域。

（2）魔术棒。单击选择魔术棒，可在位图中快速选择颜色近似的所有区域，不过它只对位图（GIF、JPEG和PNG）起作用，对矢量图无效。在对位图进行操作前，必须将位图打散（选择“修改→分离”命令，或Ctrl+B）。

（3）魔术棒属性。魔术棒属性对话框如图2-26所示，“阈值”用来设置所选颜色的近似度，只能输入0～200的整数，数值越大，其他邻接颜色就越容易被选中；“平滑”选项，所选颜色近似程度的单位，包括像素、粗略、一般和平滑，默认为“一般”。

在工作区中使用套索工具绘制需要选择对象的区域，在选取过程中，需注意以下几点：

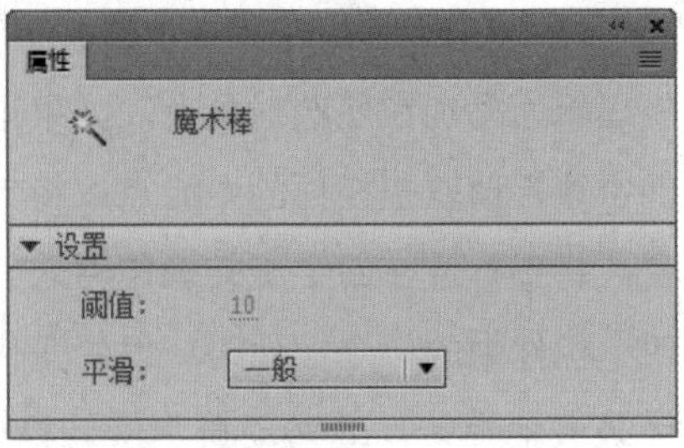

图2-26 魔术棒设置

① 在划定区域时，如果勾画的边界没有封闭，套索工具会自动将其封闭。

② 被套索工具选中的图形元素将自动融合，而被选中的组和符号则不会发生融合现象。

③ 逐一选择多个不连续区域时，可以在选择的同时按下Shift键，然后使用套索工具逐一选中欲选区域。

2.3 绘图工具区

作为一款优秀的交互性矢量动画软件，在Animate CC中，创建和编辑矢量图形主要是通过绘图工具箱提供的绘图工具来进行的。下面就对各种绘图工具依次进行介绍。

2.3.1 钢笔工具

钢笔工具又叫贝塞尔曲线工具，可以精确绘制路径，如直线，或平滑、流动的曲线。钢笔工具的特点是可以绘制直线、曲线以及闭合的曲线。

（1）激活钢笔工具。首先在工具箱中选择钢笔工具，这时鼠标在工作区中将变为一个钢笔的形状，这说明已经激活了钢笔工具，可以在工作区中绘制曲线了（图2-27）。

（2）修改属性。钢笔的属性参数包括曲线的颜色、粗细、类型以及绘制出闭合曲线的填充色。曲线的颜色可以在工具箱的选项面板的“笔触颜色”中进行设置，也可以在属性面板中进行设置，曲线的填充色可以在工具箱中的颜色面板的“填充色”中设置，也可以在属性面板中设置。钢笔的粗细和曲线的类型只可以在属性面板中进行设置（图2-28）。

（3）使用钢笔工具。将鼠标移动到工作区中，在所绘曲线的起点按住鼠标左键，完成上述操作后，工作区就会自动绘制出一条曲线。在用钢笔工具绘制曲线时，会看见许多控制点和曲率节杆，通过它们可以方便地进行曲率的调整，绘制出各种形状的曲线（图2-29）。也可以将鼠标放到某控制点上，会出现

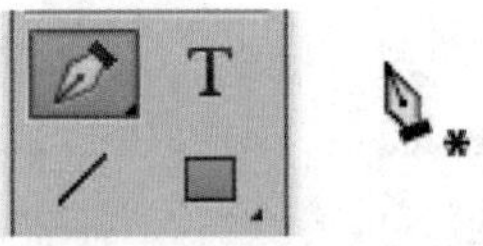

图2-27 激活钢笔工具

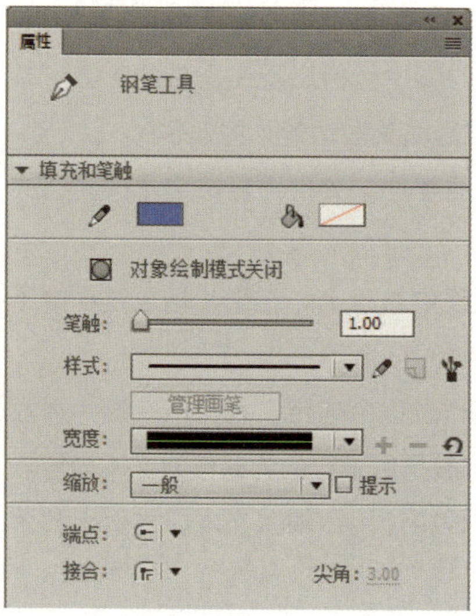

图2-28　钢笔属性面板

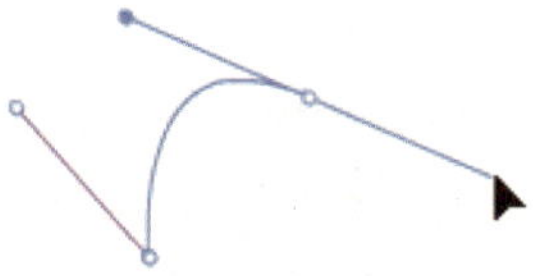

图2-29　钢笔工具画线

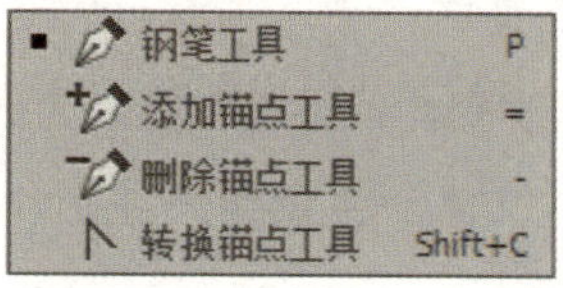

图2-30　钢笔工具的相关操作工具

图2-31　激活文本工具

图2-32　标签文本输入方式

图2-33　文本块输入方式

“-”号，单击鼠标左键可以删除不必要的控制点；将鼠标放在没有控制点的地方则会出现“+”号，单击鼠标左键可以添加新的控制点。可以通过以上方式进行曲线和直线之间的互相转换操作。钢笔工具的相关操作工具如图2-30所示。

2.3.2　文本工具

文本工具是编辑文本和创建文本对象的必备工具，使用文本工具可以设置文字的字体、大小、颜色等各种与文字相关的属性。

2.3.2.1　激活文本工具

单击工具箱的文本工具T，鼠标将变成字母T，且左上方有一个“十”字（图2-31）。文本工具的作用是文本输入和编辑。文本和文本框处于绘图层的顶层，这样处理的好处是既不会因为文本而搞乱图像，也便于输入和编辑文本。

2.3.2.2　输入及编辑文本

可以用标签和文本块两种方式输入文本。

（1）以标签方式输入文本：只需要将文本工具移到指定的区域并单击，标签方式的输入域即刻出现；用户可以在此直接输入文本，标签方式的输入区域可根据实际需要自动横向延长。标签区域的右上角有一个圆形标志，拖动右上角的圆圈可以添加文本框的长度（图2-32）。

（2）以文本块方式输入文本：将文本工具移到需要输入文本的区域，按住左键并横向拖动鼠标，当输入区域的宽度满足要求后释放左键即可。文本块方式的输入区域的宽度是固定的，不可自动延长，但文本框会根据输入的文本量实现纵向延长。文本块方式的输入区域右上角是一个正方形标志。可以拖动正方形标志，更改文本块横向的宽度（图2-33）。

- 操作技巧 -

可通过双击文本块输入区域右上角的正方形标志或标签输入区域右上角的圆形标志，实现文本块方式输入文本和标签方式输入文本之间的互相转换。

2.3.2.3 文本工具属性设置

用鼠标单击工具箱中的文本工具，此时属性面板出现在窗口的下方。单击属性面板右下方的三角符号，可以显示或隐藏某些功能（图2-34）。

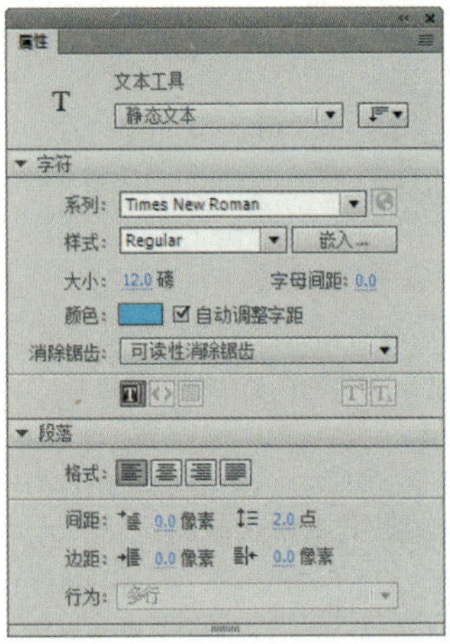

图2-34 文本工具属性面板

（1）文本类型：用来设置所绘文本框的类型，分别为静态文本、动态文本和输入文本（图2-35）。

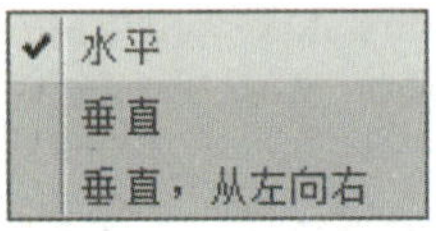

图2-35 文本类型

① 静态文本：文本内容在影片制作过程中被确定，在影片播放过程中不可改变。

② 动态文本：文本内容可以在影片制作过程中确定，也可以在影片播放过程中动态改变，但不是依靠人为改变，一般是用编程的方式修改文本内容。

③ 输入文本：主要用来在影片播放过程中让用户输入文本，如贺卡和留言等。

（2）改变文本方向：使用此工具可以改变当前文本的方向，单击此按钮将弹出如图2-36所示的下拉列表。

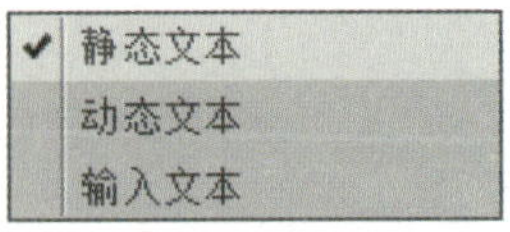

图2-36 改变文本方向

（3）字体：从字体下拉列表中可以选择当前选中文本框中的文本字体，也可以通过选择菜单栏“文本/字体”命令下的字体列表来修改文本内容。

（4）样式：Regular（常规）和Bold（加粗）。

（5）字体大小：可以拖动字体大小文本框右侧的滑块来改变文字的大小，也可以选择菜单“文本/大小”命令来选择字体的大小；可以通过在“字体大小”的文本框中输入数值来自行设置文字的大小。

（6）字符间距：该设置会在字符间插入统一的间隔。用户可以使用它调整选定字符或整个文本块的间距。用户可以在其文本框中输入-60至+60之间的数字，单位是磅。也可以通过右侧滑杆进行设置。

图2-37 字符位置下拉列表

（7）文本颜色：设置和更改当前文本的颜色，可通过调色板自行选择颜色。

（8）段落格式：为当前段落选择文本对齐的方式。有4种对齐方式：左对齐，居中对齐，右对齐和两端对齐。

（9）段落间距和间距：可定义当前段落的特性，如段前缩进、行距、左边距和右边距。

图2-38 单行多行切换

（10）字符位置：字符位置控制着显示的文本与其基线相对的位置。对于水平文本，字符位置可以向上或向下移动字符。对于垂直文本，字符位置可以将字符移动到基线的左侧或右侧。可以设置输入的字符是正常位置还是上标或下标（图2-37），此功能只对静态文本起作用。

（11）实例名称：用来标识不同的文本，只有动态文本和输入文本有此属性，静态文本无此属性。

（12）段落行为：选择多行可以在多行内显示文本，选择单行可以在一行中显示文本，选择多行不换行则以多行显示文本，但只在最后一个字符有换行字符，按Enter键才会换行（图2-38），静态文本无此属性。

（13）将文本呈现为HTML：可以保留丰富的文本格式，如字体和超链接，并带有相应的HTML标记。对于静态文本，此功能永久打开，对于动态文本和输入文本，此功能既可打开也可关闭，尤其对动态文本来说，如果打开此功能，就可以给此段文本定义超链接URL。选中该命令，则在导出SWF文件时，Animate CC会自动应用相应的HTML标记，在文本字段中保留基本的文字格式和超链接。

（14）显示边框：为文本字段显示黑色的边框或白色背景，只对动态文本和输入文本有效。

（15）选项链接：将动态文本框、静态文本框中的文本设置为超链接，只需在URL文本框中输入要链接的URL地址即可，还可以在目标下拉列表中对超链接的属性进行设置（图2-39）。

图2-39　目标下拉列表

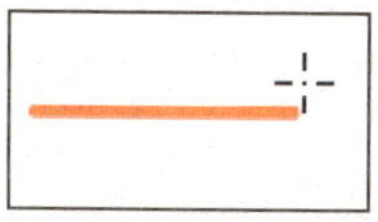
图2-40　激活线条工具

2.3.3　线条工具

线条工具的主要功能是绘制直线，使用该工具可以轻松绘制出平滑的直线。

2.3.3.1　激活线条工具

单击工具箱中的线条工具，鼠标移动到工作区后将变成一个“十”字，这说明线条工具已激活（如图2-40）。

2.3.3.2　修改属性设置

在绘制直线时需要设置的直线属性包括直线的颜色、粗细和类型等。直线的颜色可以通过两种途径进行设置。

（1）通过工具箱中的笔触颜色工具。单击此工具后，会弹出一个调色板（图2-41）。调色板的下方是一些预先设置好的颜色，可以直接选取某种颜色作为所绘线条的颜色，也可以通过上面的文本框输入线条颜色的十六进制RGB值，例如#ccccff。如果预先设置的颜色不能满足用户需要，还可以通过单击右下角的，打开“颜色”对话框，在对话框中详细设置颜色值（图2-42）。

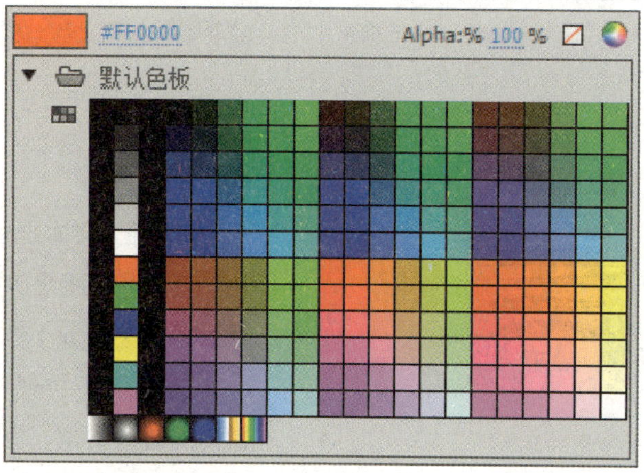

图2-41　颜色调色板

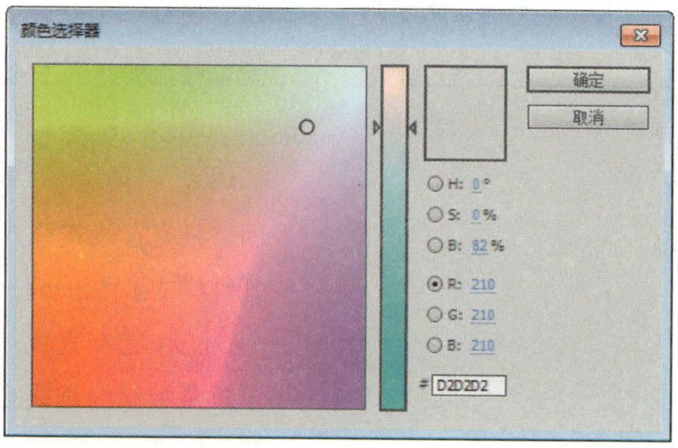

图2-42　颜色对话框

（2）利用属性面板中的笔触颜色工具。方法和途径完全相同，只不过是同一种工具的两种位置而已。直线的粗细和类型需要使用属性面板来设置（图2-43）。

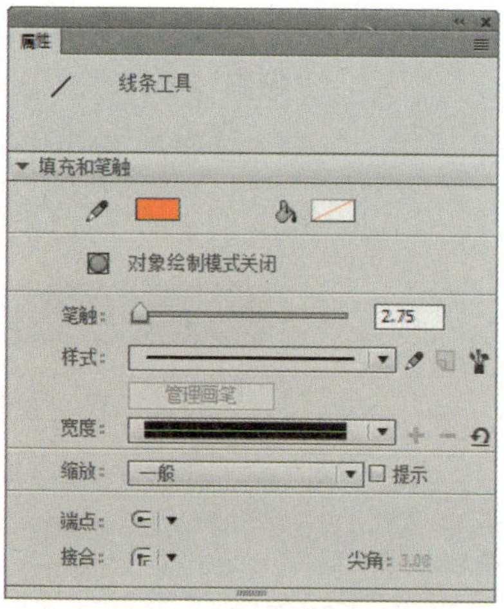

图2-43　线条工具的属性面板

单击面板上的“笔触颜色”按钮，打开调色板，然后按照上面所讲的直线颜色设置方法设置

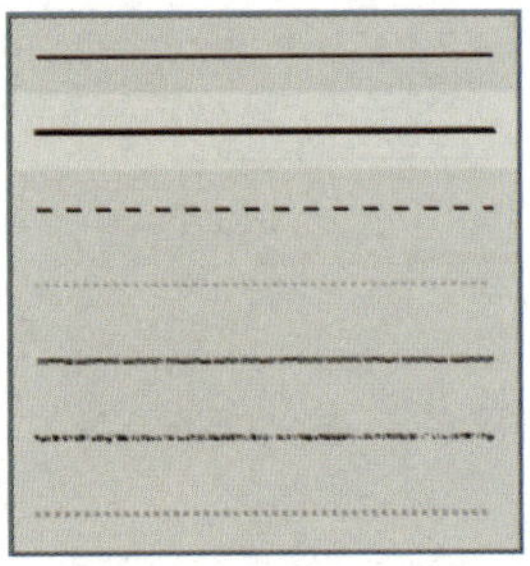

图2-44　笔触样式下拉列表

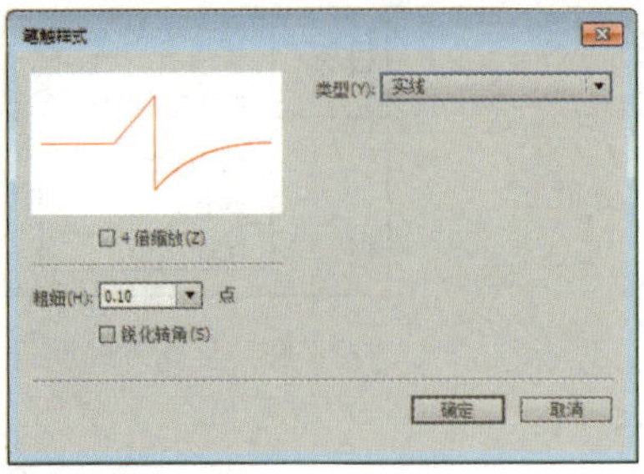

图2-45　自定义线条样式

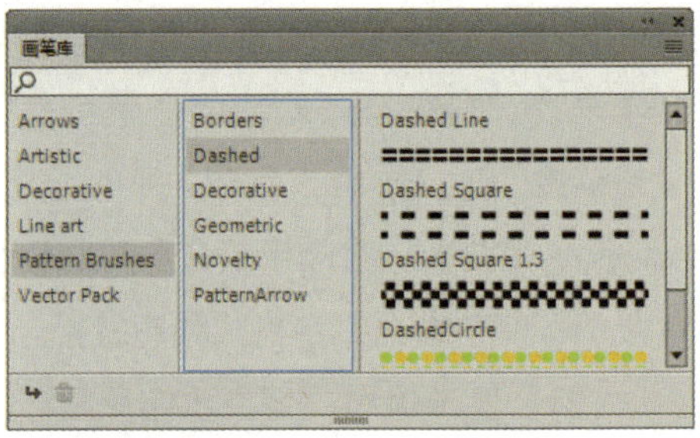

图2-46　画笔库

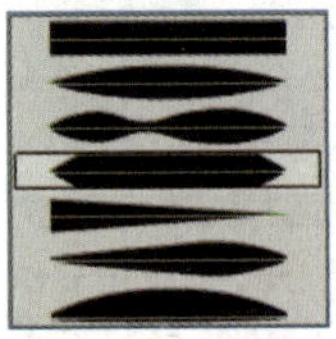

图2-47　宽度设置

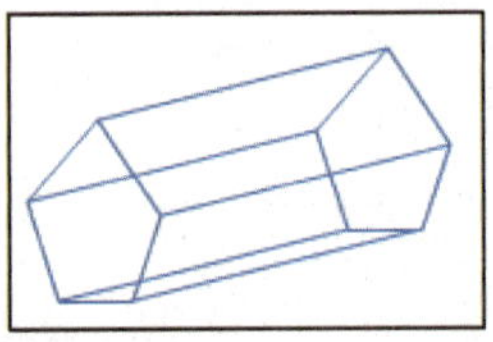

图2-48　线条工具绘制的矢量图

线条颜色。

“笔触”文本框用来设置所绘线条的高度，可以直接在文本框中输入笔触的高度值，范围是0.1～10，也可以通过右侧的滑杠来调节，Animate CC中的线条宽度是以px（像素）为单位的。

“样式”下拉列表用来选择所绘的线条类型，Animate CC已经设置了一些常用的线条类型，例如实线、虚线、点状线、锯齿状线、点描线和阴影线等，各类线条如图2-44所示。

单击“自定义”按钮，打开“线型”对话框，在该对话框中可以对实线、虚线、点状线、锯齿状线、点描线和斑马线进行相应的属性设置，“线型”对话框如图2-45所示。

单击“画笔库”按钮，打开画笔库对话框，在对话框中可以选择画笔的样式，“画笔库”对话框如图2-46所示。

只有在画笔样式是实线的前提下，宽度设置才起作用，宽度是实线中的几种样式（图2-47）。

（3）绘制直线。将鼠标移到工作区，在直线的起点按住鼠标不放，然后沿着要绘制的直线的方向拖动鼠标，在需要作为直线终点的位置释放鼠标左键，完成上述操作后，在工作区中就会自动绘制出一条直线（图2-48）。

该矢量图的绘制步骤如下：

步骤1　激活线条工具，在属性面板中设置线条颜色为蓝色，线条粗细为“极细”。

步骤2　在工作区中按照矢量图的轮廓依次绘制图形的每个部分。

－ 操作技巧 －

按shift键可绘制水平线、垂直线和45°斜线；按ctrl键可暂时切换到选取工具，释放后回到直线工具。

2.3.4 矩形工具

矩形工具是从椭圆工具扩展出来的一种绘图工具，其用法与椭圆工具基本相同，利用它除了可以绘制矩形外，还可以绘制出带有一定圆角的矩形。

2.3.4.1 矩形工具的使用

（1）激活矩形工具。先单击工具箱中的矩形工具，工作区中的鼠标将变成“十”字（图2-49），这说明矩形工具已激活，可以在工作区中绘制矩形了。

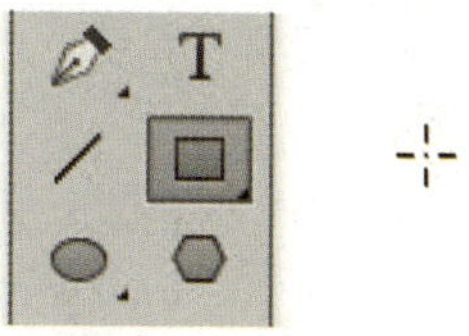

图2-49 激活矩形工具

（2）修改属性设置。根据需要设置矩形工具的绘制参数，包括所绘出矩形的轮廓色、填充色、矩形轮廓线的粗细和矩形的轮廓类型。当选中矩形工具时，Animate CC界面中的属性面板上将出现矩形工具的相关属性（图2-50）。

可以看到，该属性选项和直线、铅笔工具的差别不大，只比它们多了一个填充色的属性设置。在默认设置下，绘制出的矩形是直角的，在Animate CC中也可以绘制圆角矩形。如果要使绘制出的矩形的4个角是圆角，可以在面板下的“圆角矩形半径”内进行设置（图2-51）。

在该文本框中可以对圆角矩形的圆角半径进行设置，在“边角半径”文本框中可以输入圆角矩形中的圆角的半径，范围为0～999，以“磅”为单位，也可以通过下方的滑标来修改。数字越小，所绘矩形的4个角上的圆角弧度就越小，默认值为0，即没有弧度，表示4个角为直角。如果选取最大值999，则画出的图形两边类似半圆。

（3）绘制矩形。设置矩形的属性后，就可以开始绘制矩形了。将鼠标移动到工作区中，在所绘矩形的大概位置按住鼠标左键不放，然后沿着要绘制的矩形方向拖动鼠标，在适当位置释放鼠标左键，完成上述操作后，工作区就会出现一个有填充色和轮廓的矩形（图2-52）。

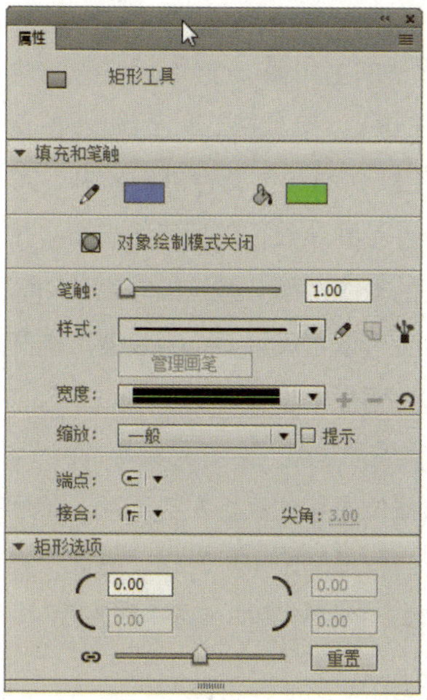

图2-50 矩形属性面板

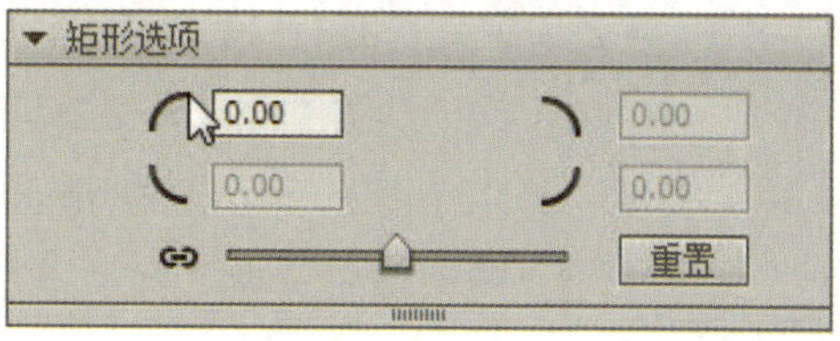

图2-51 圆角设置

图2-52 绘制矩形

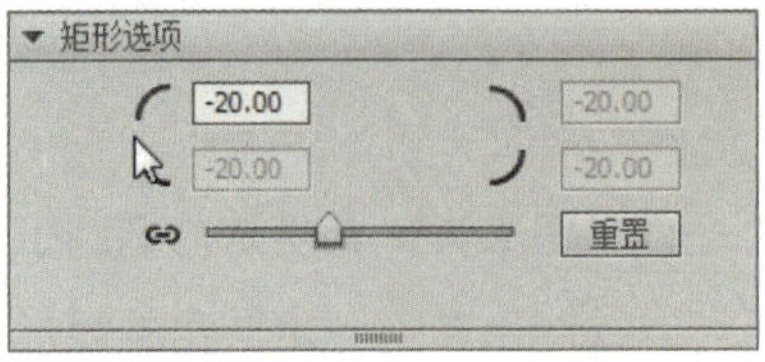

图2-53　基本矩形圆角设置

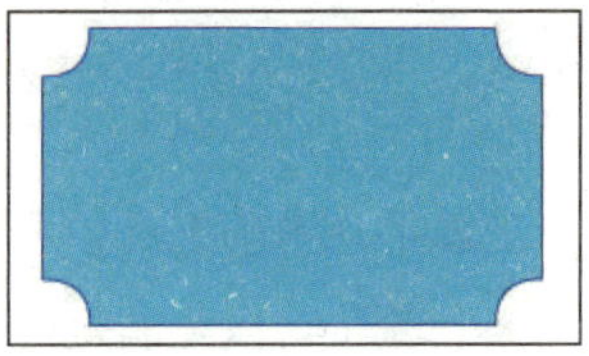

图2-54　绘制基本矩形

2.3.4.2　基本矩形工具的使用

基本矩形工具和矩形工具的用法基本相同，只是基本矩形绘制的图形边线和填充色是集合到一起的。可以直接修改矩形圆角的半径，属性设置如图2-53所示。调整后的矩形图元效果，如图2-54所示。

－ 操作技巧 －

按Shift键可绘制正方形；按Ctrl键可暂时切换到选取工具，释放后回到矩形工具。

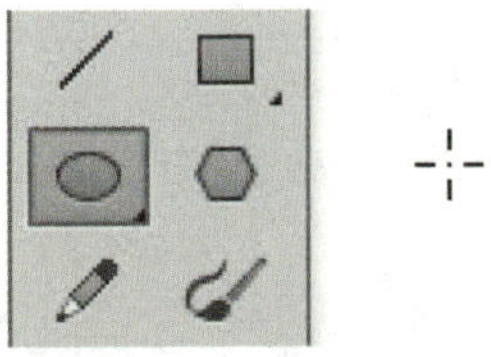

图2-55　激活椭圆工具

2.3.5　椭圆工具

椭圆工具组包括椭圆工具和基本椭圆工具。椭圆工具主要是绘制椭圆或圆形，用户可以任意选择轮廓线的颜色、线宽和线型，还可以任意选择椭圆的填充色，其中填充色可以使用渐变色。基本椭圆工具，绘制基本椭圆形，此工具用于绘制图形对象，图形对象是允许用户直接在属性面板对其进行调整的，不需要重新绘制，如开始角度、结束角度、内径等。

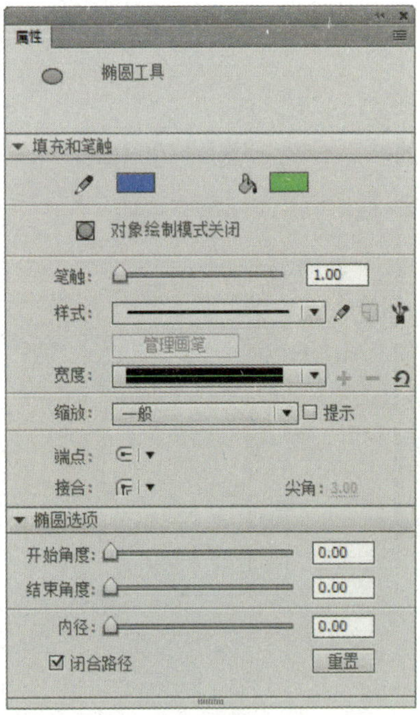

图2-56　椭圆属性面板

2.3.5.1　椭圆工具的使用

（1）激活椭圆工具。单击工具箱中的椭圆工具，工作区中的鼠标将变成“十”字（图2-55），这说明椭圆工具已激活，可以在工作区绘制椭圆了。

（2）修改属性设置。如果不想使用默认的绘制属性进行绘制，可以对绘制属性进行设置。根据需要，设置绘制参数，包括所绘椭圆的轮廓色、填充色、椭圆轮廓的粗细和椭圆的轮廓类型。椭圆的轮廓色和填充色可以在工具箱的颜色面板中设置，也可以在属性面板中设置，椭圆轮廓的粗细和椭圆的轮廓类型只能在属性面板中设置（图2-56）。

（3）绘制椭圆。设置好所绘椭圆的属性后，就可以开始绘制椭圆了。将鼠标移到工作区中，在所绘椭圆的大概位置按住鼠标左键不放，然后沿着要绘制的椭圆方向拖动鼠标，在适当位置释放鼠标左键，完成上述操作后，工作区就会自动绘制出一个有填充色和轮廓的椭圆（图2-57）。

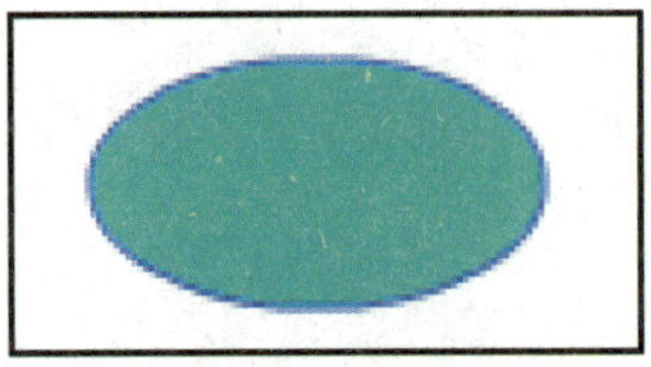

图2-57　绘制椭圆

2.3.5.2　基本椭圆工具的使用

基本椭圆工具和椭圆工具的用法基本相同，基本椭圆绘制的

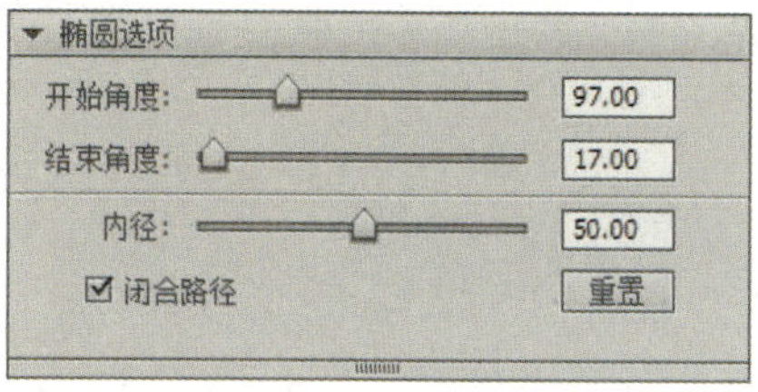

图2-58　基本椭圆属性设置

图2-59　绘制椭圆

图形边线和填充色是集合到一起的，可以直接修改开始角度、结束角度和内径，属性设置如图2-58所示。调整后的椭圆图形效果，如图2-59所示。

– 操作技巧 –

按Shift键可绘制正圆；按Ctrl键可暂时切换到选取工具，释放后回到椭圆工具。

2.3.6　多角星形工具

多角星形工具是矩形工具的扩展，该工具可以方便地绘制多边形。

2.3.6.1　多角星形工具的使用

（1）激活多角星形工具。单击工具箱中的多角星形工具，工作区中的鼠标将变成“十”字（图2-60），这说明多角星形工具已激活，可以在工作区中绘制多角星形了。

（2）修改属性设置。根据需要绘制多角星形工具的绘制参数，包括前面讲过的一些基本设置，还有形状（多边形和星形）、边数、角度等属性（图2-61）。

在默认设置下，绘制的多边形是正五边形。如要绘制其他形状的多边形，单击“选项”按钮“选项...”，此时将弹出“工具设置”对话框（图2-62）。在该对话框中可对多角星形的形状进行设置，在“样式”下拉列表中可以选择多角星形的形状是多边形或星形；在“边数”文本框中可以输入多边形的边数（3～32）；在“星形顶点大小”文本框中可以输入星形尖角的角度（0.00～1.00），数值越小，星形的尖角越尖。

（3）绘制多边形。将多边形的样式设置完成线条颜色和填充等属性后，就可以开始绘制多边形了。将鼠标移到工作区中，按住鼠标左键不放，然后沿着要绘制的方向拖动鼠标，在适当位置释放鼠标左键，

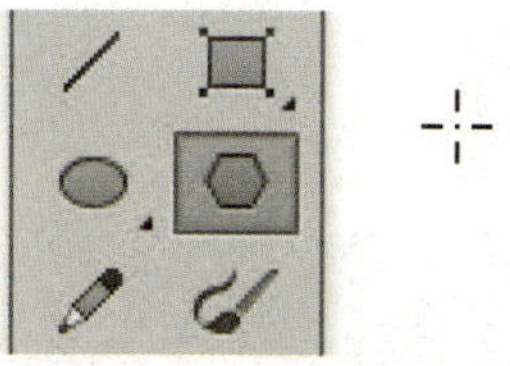
图2-60　激活多角星形工具

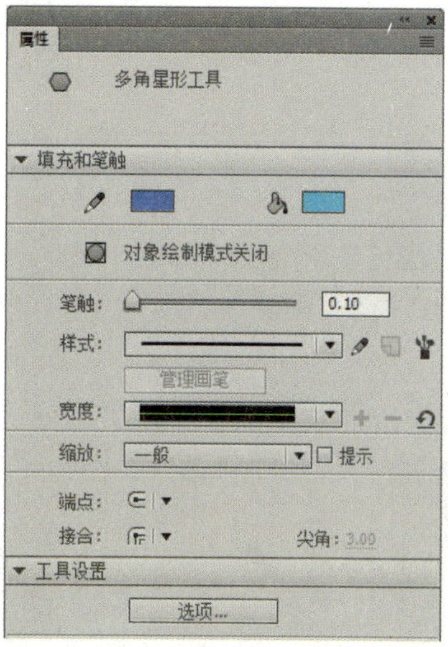

图2-61　多角星形属性面板

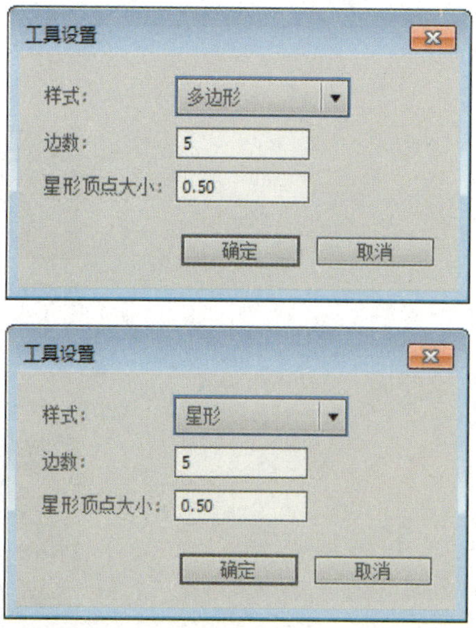

图2-62　工具设置对话框

图2-63 绘制多角星形

完成上述操作后，工作区就会出现一个有填充色和轮廓的多边形（图2-63）。

2.3.7 铅笔工具

2.3.7.1 铅笔模式

铅笔工具是用来绘制线条和形状的，它的使用方法和真实的铅笔使用方法大致相同。选中铅笔工具，单击工具箱中的“铅笔模式”按钮，其中包括三种选项：伸直、平滑和墨水（图2-64）。

（1）伸直模式。这是铅笔工具中功能最强的一种模式，它具有很强的线条形状识别能力，可以对所绘线条进行自动校正，将绘制的近似直线取直，平滑曲线，简化波浪线，自动识别椭圆、矩形和半圆等。它还可以绘制直线，并将接近三角形、椭圆、矩形和正方形的形状转换为这些常见的几何形状。

（2）平滑模式。使用此模式绘制线条，可以自动平滑曲线，减少抖动造成的误差，从而明显减少线条中的“碎片”，达到一种平滑的线条效果。

（3）墨水模式。使用此模式绘制的线条就是绘制过程中鼠标所经过的实际轨迹，此模式可以在最大程度上保持实际绘制的线条形状，但只能做轻微的平滑处理。

2.3.7.2 激活铅笔

首先单击工具箱中的铅笔工具，然后将鼠标移到工作区，鼠标变成一个小铅笔形状，表示铅笔工具已激活，可以绘制线条了（图2-65）。如不想使用默认的绘制属性，可以先进行属性修改。

2.3.7.3 修改属性

设置铅笔工具的绘制参数包括线条的颜色、粗细和类型。线条的颜色可以在工具箱的颜色面板的“笔触颜色”中设置，也可以在属性面板中设置，而铅笔工具的粗细和直线的类型只可以在属性面板中设置（图2-66）。

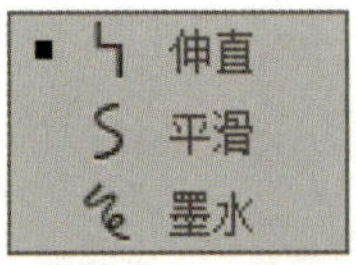

图2-64 铅笔工具附加功能

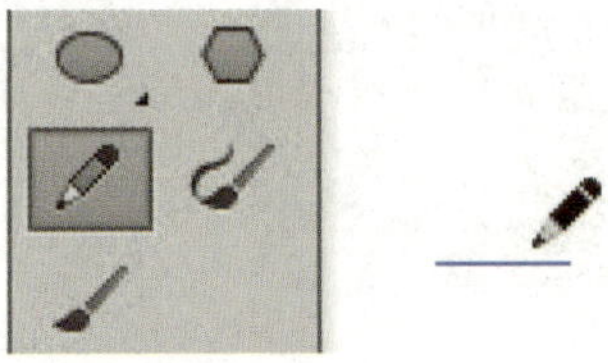

图2-65 激活铅笔工具

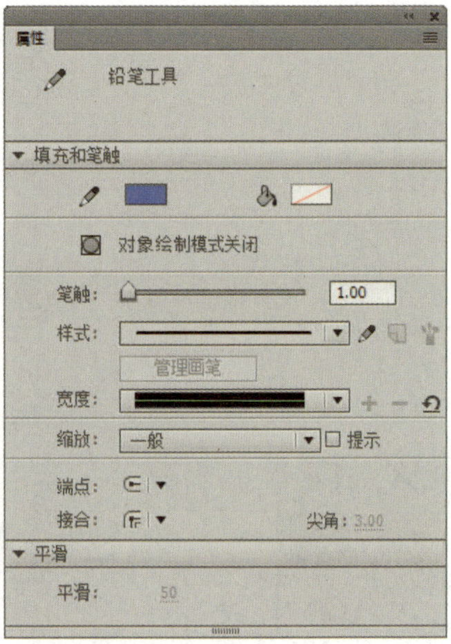

图2-66 铅笔的属性面板

2.3.7.4　铅笔使用

设置好所绘线条属性后，就可以开始绘制线条了。将鼠标移到工作区中，在所绘制的线条起点按住鼠标左键不放，然后沿着要绘制曲线的轨迹拖动鼠标，在需要作为曲线终点的位置释放鼠标左键，完成上述操作后，工作区就会出现一条曲线（图2-67）。

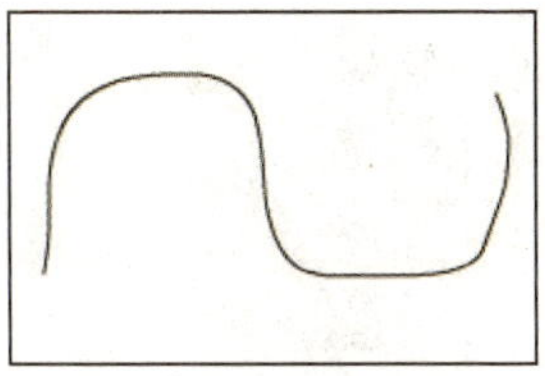

图2-67　铅笔绘制曲线

－ 操作技巧 －

按Shift键可绘制水平线或垂直线；按Ctrl键可暂时切换到选取工具，释放后回到铅笔工具。

2.3.7.5　画笔工具

画笔工具和铅笔工具属性基本相同，只是多了“绘制为填充色”属性（图2-68）。

图2-68　画笔工具

2.3.8　刷子工具

刷子工具是在影片中进行大面积上色时使用的。可以给任意区域和图形进行颜色填充，多用于对填充目标的填充精度要求不高的对象，使用起来非常灵活。刷子的特点是刷子大小在更改舞台的缩放比率级别时可以保持不变，所以如果舞台缩放很小时，同一个刷子会显得很大。

2.3.8.1　激活刷子工具

单击工具箱中的刷子工具，鼠标将变成一个黑色的圆形或方形的刷子，这说明刷子工具已激活，可以在工作区中使用刷子工具绘制图像了（图2-69）。

图2-69　激活刷子工具

2.3.8.2　修改属性设置

使用刷子进行绘图前，需要设置绘制参数，在这里主要是填充色的设置，可以使用工具箱颜色面板中的填充色工具进行设置，也可以在属性面板中设置（图2-70）。

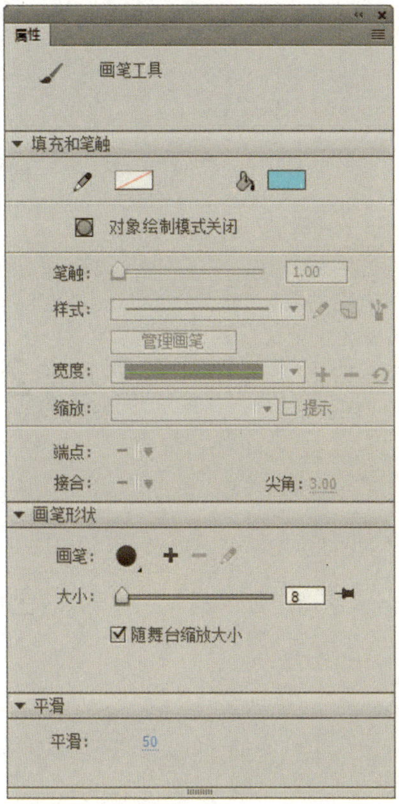

图2-70　刷子属性面板

附加功能，当选中刷子工具后，工具箱的选项面板中将出现刷子的附加功能（图2-71）。

（1）绘图模式，如图2-72刷子绘图模式所示：

① 标准绘图 标准绘画：刷子的默认设置，使用刷子进行普通绘图，可以涂改工作区的任意区域，它会在同一图层的线条和填充上涂色。

② 颜料填充 颜料填充：刷子的笔触可以互相覆盖，但不会覆盖图形轮廓的笔迹，即涂改对象时不会对线条产生影响。

③ 后面绘图 后面绘画：涂改时不会涂改对象本身，只涂改对象的

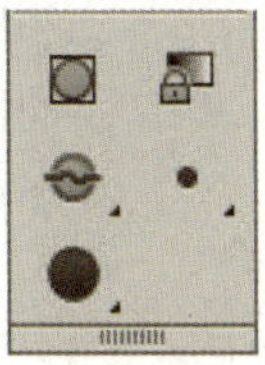

图2-71　刷子附加功能

图2-72　刷子绘图模式

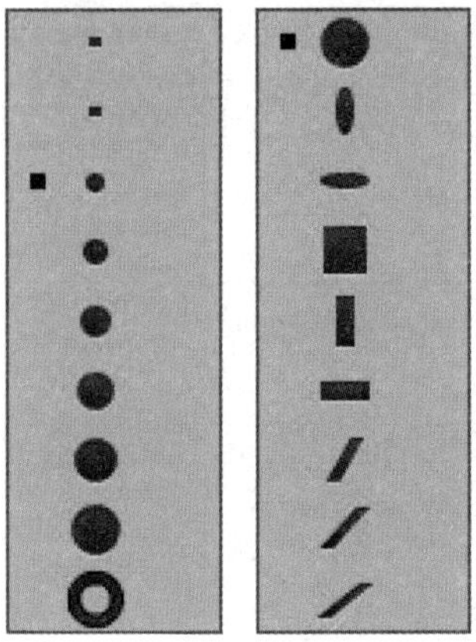

图2-73　刷子大小和形状

背景，即在同层舞台的空白区域涂色，不影响线条和填充。

④ 颜料选择 颜料选择：刷子的笔触只能在被预先选择的区域内保留，涂改时只涂改选定的对象。

⑤ 内部绘图 内部绘画：涂改时，涂改起始点所封闭曲线的内部区域。如果起始点在空白区域，那只能在这块空白区域内涂改；如果起始点在图形内部，则只能在图形内部进行涂改。

刷子大小有9种，刷子形状有9种，如图2-73所示。

（2）锁定填充，该选项是一个开关按钮。当使用渐变色作为填充色时，按下“锁定填充”按钮，可将上一个笔触的颜色变化规律锁定，作为这一笔触对该区域的色彩变化规范。也可以锁定渐变色或位图填充，使填充看起来好像扩展到整个舞台，并且用该填充涂色的对象，就好像是显示下面的渐变或位图的遮罩。

（3）绘制对象，该按钮主要是在刷子工具绘图后，将图形自动变成一个对象。

2.3.8.3　使用刷子工具

设置好刷子的相关属性后，就可以开始绘图了。将鼠标移到工作区中，在要上色的区域起点按住鼠标左键拖动，并在上色区域的终点处释放左键，即完成上色。

2.4　辅助工具区

由骨骼工具、颜料桶工具、墨水瓶工具、滴管工具、橡皮擦工具和宽度工具组成，主要用来辅助绘图和动画制作，使操作更加方便快捷。

2.4.1　骨骼工具

骨骼工具组包括骨骼工具和绑定工具。使用骨骼工具可以实现反向运动（IK），这是一种通过骨骼为对象添加动画效果的方式，这些骨骼按父级子级关系链接成线性或枝状的骨架。当一个骨骼移动时，与其连接的骨骼也发生相应的移动，可以向影片剪辑、图形和按钮实例添加 IK 骨骼。绑定工具主要是针对矢量图形的骨骼动画，通过绑定工具将矢量图形周边的点与骨骼进行绑定。

2.4.1.1　骨骼工具的使用

（1）激活骨骼工具。单击工具箱中的骨骼工具，鼠标将变成带骨骼的“十”字光标，表明骨骼工具已激活，可以进行骨骼动画的链接了（图2-74）。

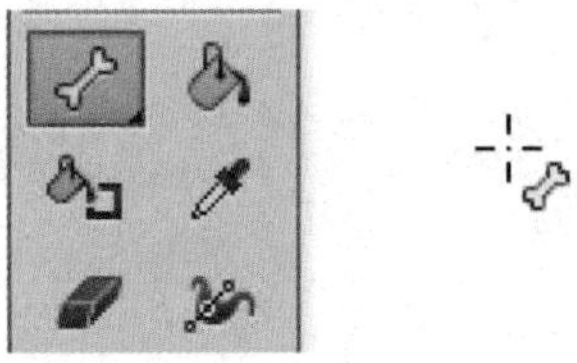

图2-74　激活骨骼工具

（2）使用骨骼工具。首先新建一个元件，然后复制多个相同元件；用骨骼工具将需要链接的元件依次选中；通过拖曳骨骼工具将每个元件依次链接，最后通过选取工具移动最后一个元件查看骨骼链接后的实时效果（图2-75）。

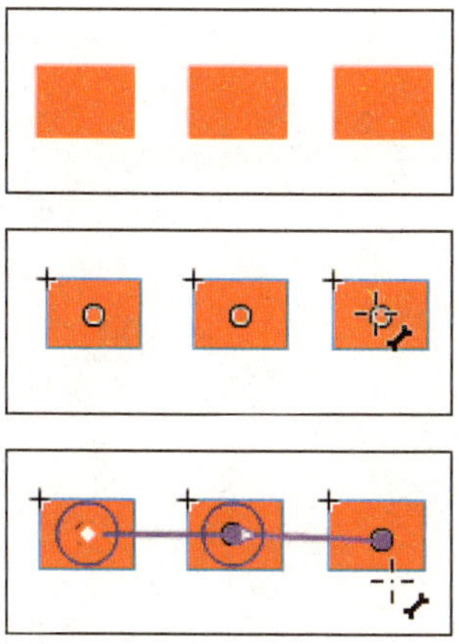

图2-75　骨骼工具使用过程

2.4.1.2　绑定工具的使用

（1）激活绑定工具。单击工具箱中的骨骼工具，鼠标将变成带骨骼的“十”字光标，表明已经激活了骨骼工具，可以进行骨骼动画的链接。如图2-76激活骨骼工具所示。

（2）使用骨骼工具。首先新建一个元件，然后复制多个相同元件；再用骨骼工具将需要链接的元件依次选中；通过拖曳骨骼工具将每个元件依次进行链接，最后可以通过选取工具移动最后一个元件查看骨骼链接后的实时效果。骨骼链接过程如图2-77所示。

2.4.1.3　相关属性

可以通过选择骨骼链接时生成的姿势图层查看IK骨架属性（图2-78）。

可以通过选择骨骼节点的方式查看IK骨骼属性（图2-79）。

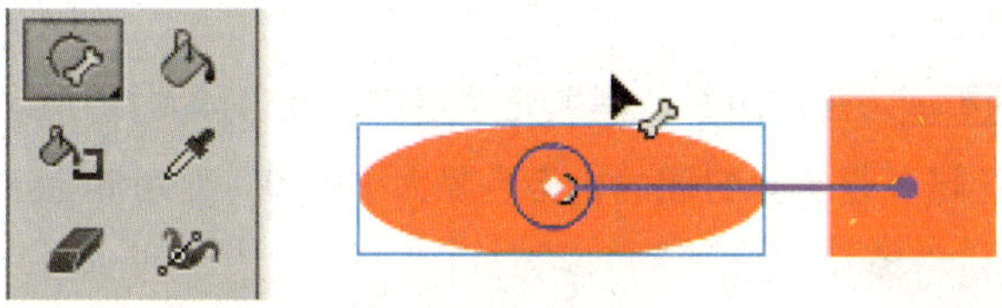

图2-76　激活骨骼工具

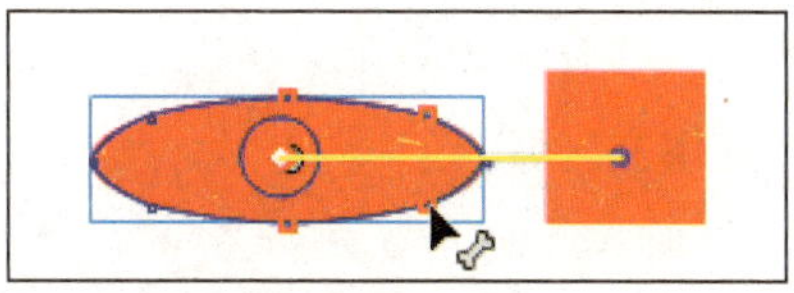

图2-77　骨骼工具使用过程

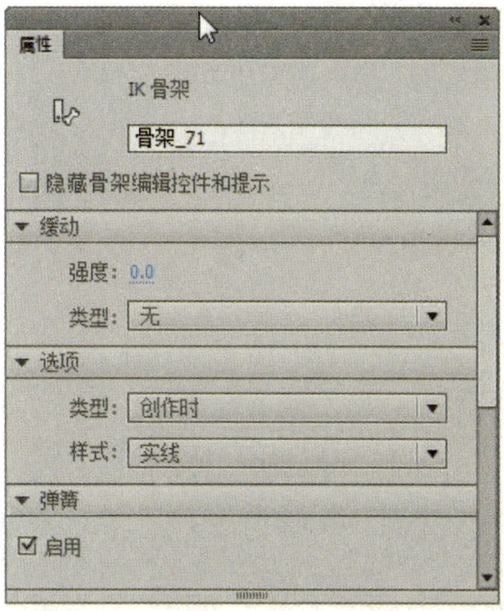

图2-78　IK骨架属性（一）

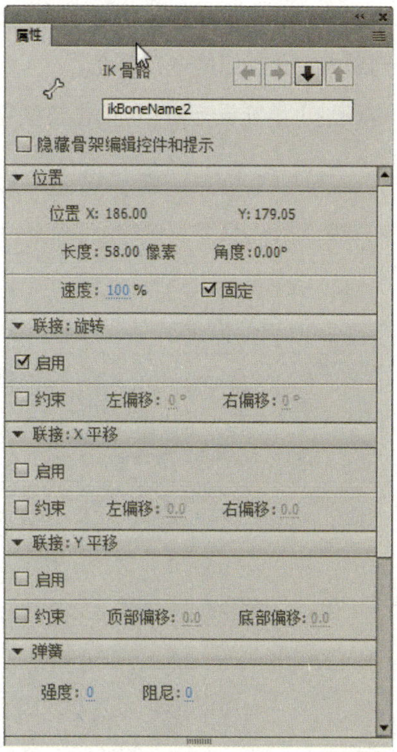

图2-79　IK骨骼属性（二）

2.4.2 颜料桶工具

颜料桶工具有3种填充方式：单色填充、渐变填充和位图填充。如果设置适当，颜料桶还可以给一些没有完全封闭但接近封闭的图形区域填充颜色。

2.4.2.1 激活颜料桶工具

单击工具箱中的颜料桶工具，将鼠标移到工作区，鼠标将变成一个小颜料桶（图2-80），表示颜料桶工具已激活。

2.4.2.2 修改属性

选中颜料桶工具后，可根据属性面板进行设置（图2-81）。

附加功能，在工具箱的选项面板中有两种附加功能（图2-82）。

（1）空隙大小，单击该按钮将出现空隙大小的下拉列表，如图2-83空隙大小列表所示。

① 不封闭空隙 不封闭空隙：在使用颜料桶填充颜色前，Animate CC将不会自动封闭所选区域的任何空隙。所选区域的所有未封闭的曲线内将不会被填充。

② 封闭小空隙 封闭小空隙：在使用颜料桶填充颜色前，会自动封闭所选区域的小空隙。所选填充区域不是完全封闭的，但空隙很小，则Animate CC会将其判断为完全封闭的进行填充。

③ 封闭中等空隙 封闭中等空隙：在使用颜料桶填充颜色前，会自动封闭所选区域的中等空隙。所选填充区域不是完全封闭的，但空隙大小中等，则Animate CC会将其判断为完全封闭的进行填充。

④ 封闭大空隙 封闭大空隙：在使用颜料桶填充颜色前，会自动封闭所选区域的空隙。所选填充区域不是完全封闭的，但空隙很大，则Animate CC会将其判断为完全封闭的进行填充。

（2）填充锁定：单击该按钮，可以锁定填充区域。

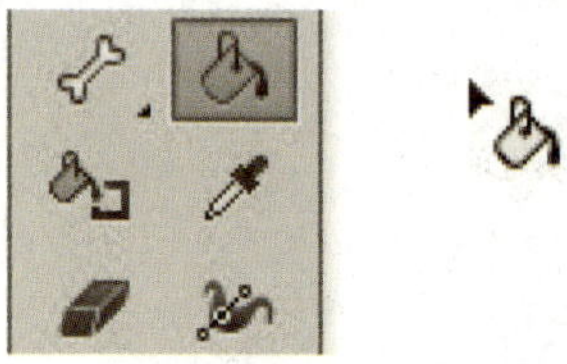
图2-80 激活颜料桶工具

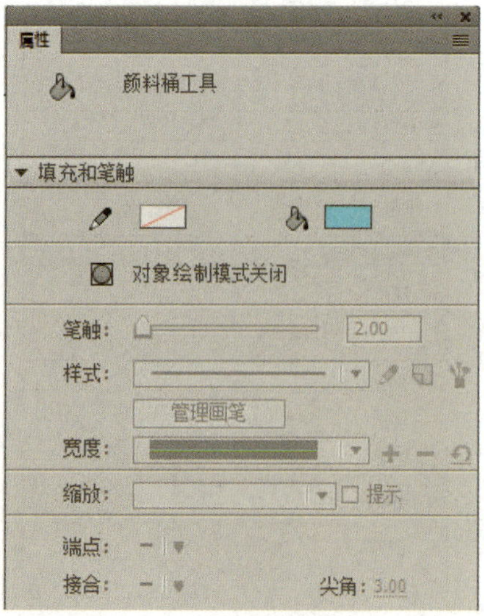

图2-81 颜料桶属性面板

图2-82 颜料桶附加功能

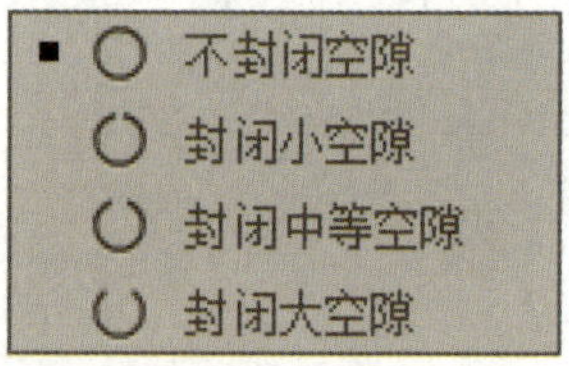

图2-83 空隙大小列表

2.4.2.3 使用颜料桶工具

设置完属性后，可以使用颜料桶工具向指定区域填充颜色。在工作区中，在需要填充颜色的封闭区域内单击鼠标，即可在指定区域内填充颜色（图2-84）。

－ 操作技巧 －

矢量图形可直接填充颜色，文本或位图需打散后才能填充颜色。

2.4.3 墨水瓶工具

墨水瓶工具用来在绘图中更改线条和轮廓线的颜色和样式。它不仅能在选定图形的轮廓线上加规定的线条，还可以改变一条线段的粗细、颜色、线型等，并且可以给打散后的文字和图形加上轮廓线。墨水瓶本身不能在工作区绘制线条，只能对已有线条进行修改。

2.4.3.1 激活墨水瓶工具

单击工具箱中的墨水瓶工具，将鼠标移到工作区，鼠标将变成一个小的墨水瓶的形状，表明墨水瓶工具已激活，可以对线条进行修改或给无轮廓图形加轮廓了（图2-85）。

2.4.3.2 修改属性

如果不希望使用默认设置，则可以修改墨水瓶的相关属性。墨水瓶属性面板如图2-86所示。

2.4.3.3 使用墨水瓶工具

选中需要使用墨水瓶来添加轮廓的图形对象，单击鼠标左键，轮廓线出现即可（图2-87）。

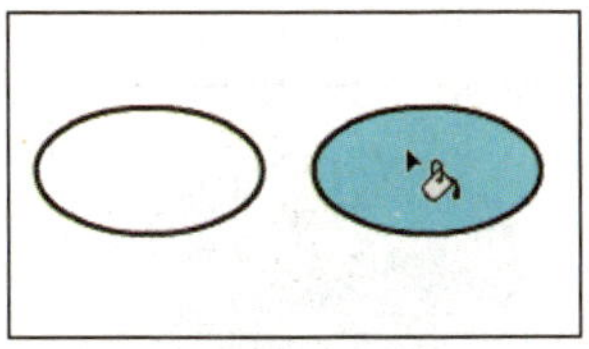

图2-84 使用颜料桶前后

图2-85 激活墨水瓶工具

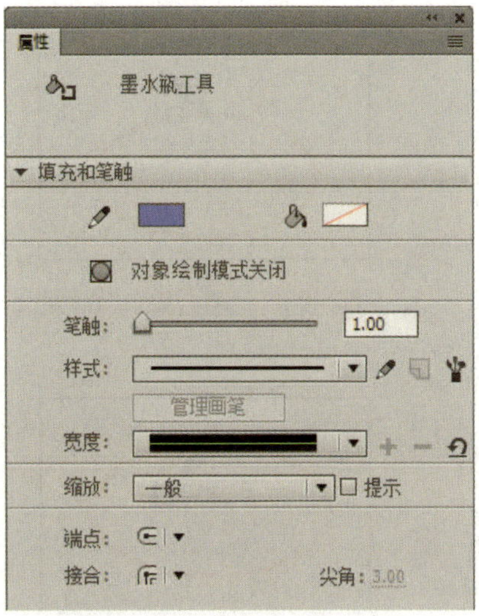

图2-86 墨水瓶属性面板

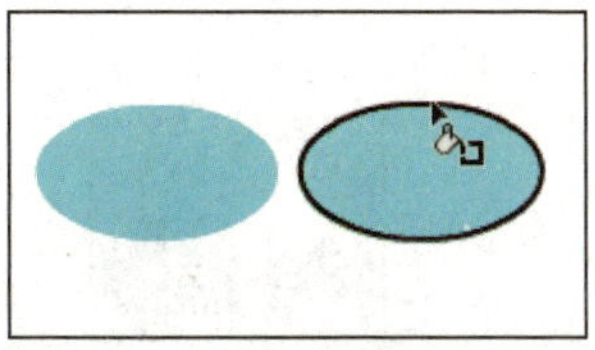

图2-87 使用墨水瓶前后

- 操作技巧 -

矢量图形可直接添加轮廓，文本或位图需打散后才能添加轮廓。

2.4.4 滴管工具

滴管工具，主要是吸取某种对象颜色，以便应用到其他对象上。

2.4.4.1 激活滴管工具

单击工具箱中的滴管工具，鼠标将变成一个滴管状，表明滴管工具已激活，可以拾取颜色了（图2-88）。

2.4.4.2 属性设置

滴管工具没有属性，只用来采集对象颜色信息。

2.4.4.3 使用滴管工具

将滴管的光标先移动到需要采集色彩特征的区域，然后在需要某种色彩的区域单击鼠标左键，即可吸取该点的颜色，接着移动到目标对象，再单击左键，则可以将刚才吸取的颜色填充到目标区域。

（1）如果该区域是采集对象的轮廓线，滴管的光标附近就会出现铅笔标志，单击吸取颜色后，滴管的光标会转换为墨水瓶，从而可以对目标进行轮廓线颜色的修改或填充（图2-89、图2-90）。

（2）如果该区域是采集对象的内部，滴管的光标附近就会出现笔刷标志，单击吸取颜色后，滴管的光标就会转换为颜料桶，从而对目标进行内部颜色的修改或填充（图2-91、图2-92）。

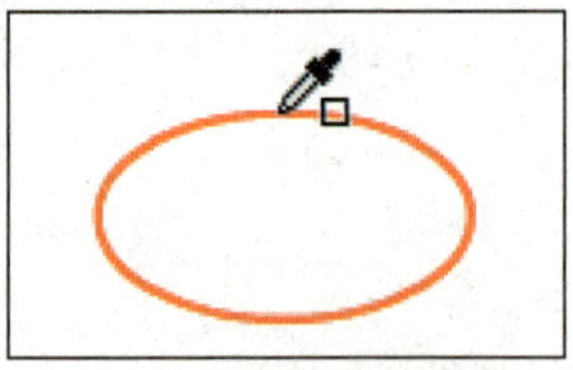

图2-89 滴管放在轮廓颜色上

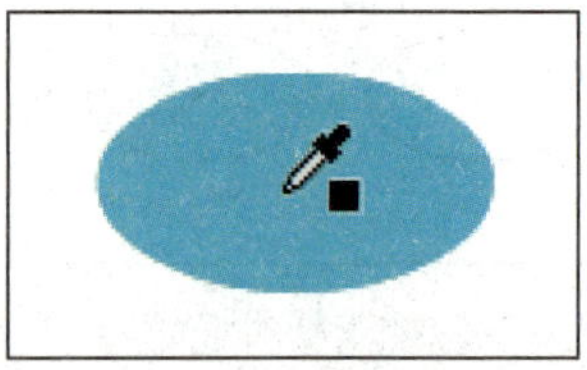

图2-91 滴管放在内部颜色上

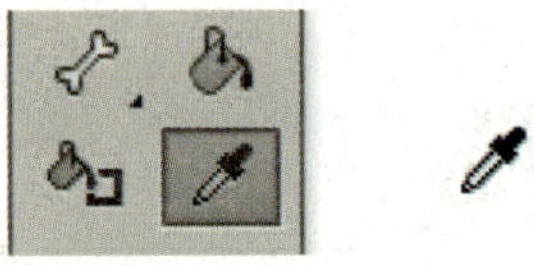

图2-88 激活滴管工具

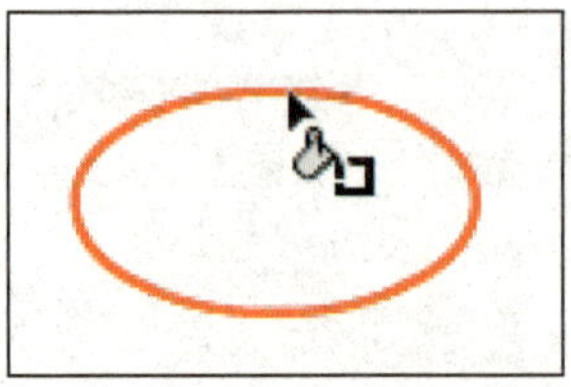

图2-90 滴管采集轮廓颜色后

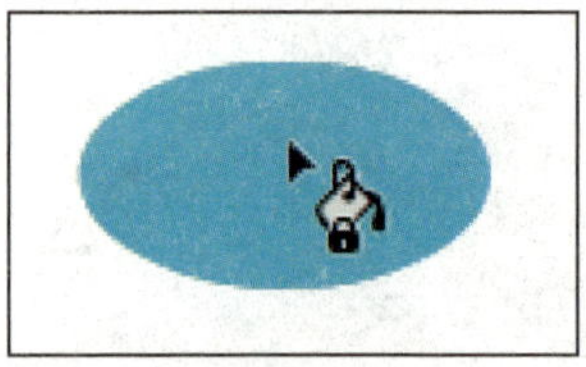

图2-92 滴管采集内部颜色后

2.4.5 橡皮擦工具

橡皮擦工具可用来擦除图形的外轮廓和内部颜色。橡皮擦工具有很多种擦除模式，用户可以根据具体需要设置不同的擦除模式。

2.4.5.1 激活橡皮擦工具

单击工具箱中的橡皮擦工具，鼠标将变成一个橡皮擦的形状，表明橡皮擦工具已激活。橡皮擦工具只能对当前图层中的对象进行擦除（图2–93）。

2.4.5.2 属性设置

橡皮擦工具没有属性，但选中橡皮擦工具后，工具箱的选项栏有附加功能（图2–94）。

2.4.5.3 附加功能

（1）橡皮擦模式，单击该按钮将弹出橡皮擦模式下拉列表（图2–95）。

① 标准擦除（标准擦除）：将擦除橡皮擦工具经过的所有区域，可以擦除同一层上的笔触和填充。是橡皮擦工具的默认擦除模式。

② 擦除填色（擦除填色）：只擦除图形的内部填充颜色，而对图形的外轮廓线不起作用。

③ 擦除线条（擦除线条）：只擦除图形外围的轮廓线，而对图形的内部填充色不起作用。

④ 擦除所选填充（擦除所选填充）：只擦除图形中事先选中的内部区域，其他没有被选中的区域不会被擦除，不影响笔触。

⑤ 内部擦除（内部擦除）：从填充色内部作为擦除的起点才有效，如果擦除的起点是图形外部，则不会起作用。

（2）水龙头：水龙头的功能可被看作颜料桶和墨水瓶功能的反作用，若要将图形的填充色整体去掉，或者将图形的轮廓线全部擦除，只需在擦除的填充色或轮廓线上单击一下即可。

（3）橡皮擦形状：可以设置橡皮擦的形状（图2–96）。

2.4.5.4 使用橡皮擦工具

在选中橡皮擦工具后，在工作区中，在需要擦除的区域内按下鼠标左键不放，并拖动鼠标对目标区域进行擦除，就可以完成操作了。

图2–93 激活橡皮擦

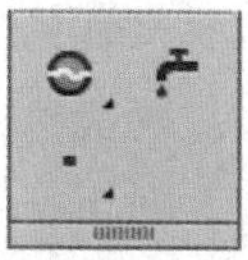

图2–94 橡皮擦附加功能

图2–95 擦除模式列表

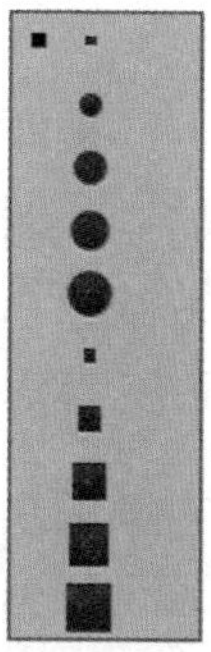

图2–96 橡皮擦的形状

图2-97 激活宽度工具

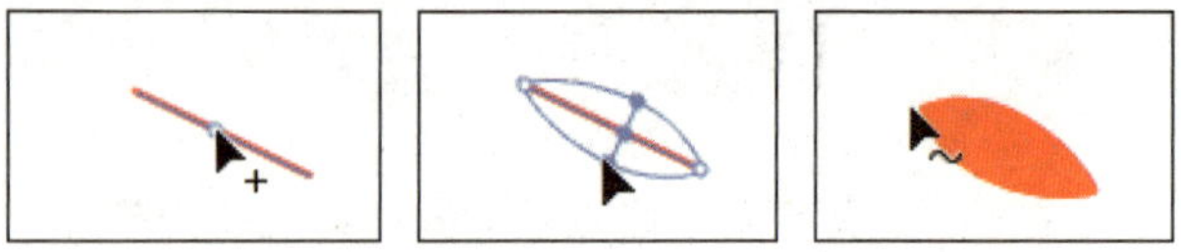

图2-98 宽度工具使用过程

2.4.6 宽度工具

宽度工具，使用可变宽度工具可以增强笔触的表现力。使用宽度工具可以增加舞台上绘图的各种笔触和形状的粗细度。通过增加可变宽度，简单的笔触也能轻松变为表现力丰富的作品。

2.4.6.1 激活滴管工具

单击工具箱中的宽度工具，鼠标将变成带曲线的黑色箭头，表明宽度工具已激活，可以进行轮廓线的调整了（图2-97）。

2.4.6.2 属性设置

宽度工具没有属性，只用来调整轮廓线的形状。

2.4.6.3 使用宽度工具

将宽度工具的光标先移动到需要调整的轮廓线上，然后按住鼠标左键不松，进行拖曳即可实现轮廓线的宽度调整（图2-98）。

2.5 查看区

除主要的绘图工具外，还有一些常用的查看工具，如摄像头工具、手形工具、缩放工具等。

2.5.1 摄像头工具

摄像头工具可以模仿虚拟的摄像头移动。在摄像头视图下查看作品时，看到的图层会像正透过摄像头来看一样，还可以对摄像头图层添加补间或关键帧。

可使用摄像头中的以下功能来优化动画：随帧主题平移、放大感兴趣的对象以获得逼真效果、缩小帧，使查看者可以看到更大范围的图片、修改焦点，将查看者的注意力从一个主题转移到另一个主题，旋转摄像头，使用色调或滤镜对场景应用色彩效果。

2.5.1.1　使用摄像头工具

在工具箱中单击摄像头工具，鼠标将变成摄像头的形状（图2-82），在工作区的任意位置按住左键并向任意方向拖动，也可以通过控制条调整整个工作区的内容，使其跟随摄像头缩放或旋转（图2-99）。

2.5.1.2　摄像头的属性

摄像头的属性主要包括：摄像头缩放、摄像头旋转和摄像头色彩效果等，如图2-100所示。

（a）激活摄像头工具

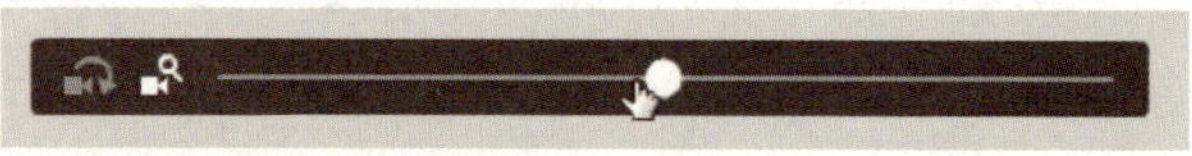

（b）摄像头控制条

图2-99　摄像头工具

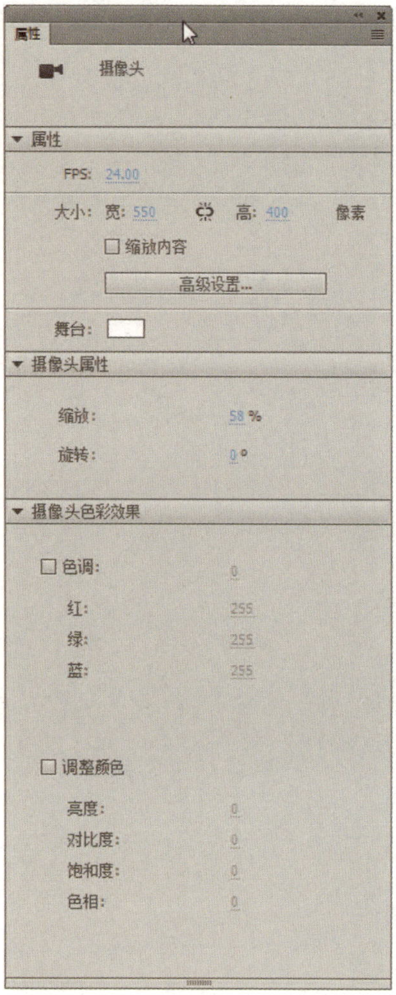

图2-100　摄像头的属性

2.5.2　手形工具

手形工具组包括手形工具和旋转工具。手形工具的主要作用是移动工作区的显示空间，工作区中的对象的实际坐标相对于其他对象的坐标是没有改变的；因此，手形工具移动的实际上是工作区整体。手形工具的目的是在一些比较大的舞台内将对象快速移动到目标区域。旋转工具，主要是将舞台进行整体旋转。

2.5.2.1　使用手形工具

在工具箱中单击手形工具，鼠标将变成手的形状（图2-101），在工作区的任意位置按住左键并向任意方向拖动，即可看到整个工作区的内容跟随鼠标的动作而移动。

2.5.2.2　使用旋转工具

在工具箱中单击手形工具，舞台中心出现旋转中心（图2-102），在工作区的旋转中心位置按住左键并向任意方向拖动，即可看到整个工作区的内容跟随鼠标旋转。

－ 操作技巧 －

按住空格键即可切换到手形工具，使用非常方便。

图2-101　激活手形工具

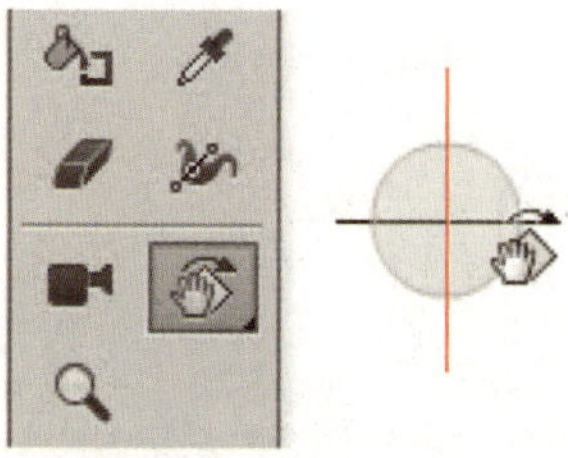

图2-102　激活手形工具

2.5.3　缩放工具

该工具并不改变工作区中的任何实际图形。缩放工具的主要目的是在绘图过程中放大或缩小视图，以

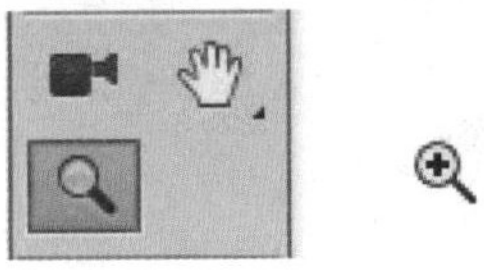

图2-103　激活缩放工具

图2-104　缩放工具选项

便编辑。

使用缩放工具

在工具箱中单击缩放工具，鼠标变成一个放大镜（图2-103），此时，在工作区单击就可以实现工作区的放大或缩小。

在工作区的任意位置单击鼠标左键，工作区将被放大为原来的两倍或者缩小为原来的二分之一，并可以多次放大和缩小。如果想将舞台恢复为原来的尺寸，只需在工具箱的缩放工具上双击鼠标左键即可。缩放工具处于放大还是缩小状态，由该工具在工具箱中的选项决定（图2-104）。

要有效掌握好常用的Animate工具的操作和使用，需要通过不断练习，才能更灵活使用，高效完成图形的编辑。

项目3

元件和库面板的基本操作

素材　　PPT课件

学习目标

1. 掌握导入图像素材以及导入矢量图图形、外部库元件。
2. 掌握元件的创建和编辑方法，修改元件类型以及影片剪辑元件的制作方法。
3. 熟悉图层的基本操作、创建元件实例以及补间动画的制作。

3.1 元件

3.1.1 任务引入

在Animate CC中，元件起着举足轻重的作用。通过重复应用元件，可以提高工作效率、减少文件量。本部分将介绍元件的创建、编辑、应用，以及库面板的使用方法。通过本部分的学习，以及按钮元件的制作，读者可以了解并掌握如何应用元件的相互嵌套及重复应用来制作出变化无穷的动画效果。

3.1.2 知识引入

3.1.2.1 概念

元件是指在Animate中创建且保存在库中的图形、按钮、影片剪辑或文本，以及用Animate工具创建的线条、色块等对象，是Animate动画中最基本的元素。

只创建一次可重复使用的对象，且重复使用时不会增加文件的大小。一个元件被重新编辑或修改后，应用该元件的所有实例都会被相应更新。

使用元件可以减小文件的尺寸，因为不管该元件被重复使用多少次，它所占用的空间也只有一个元件大小；下载时一个元件Animate影片中也只需下载一次。

3.1.2.2 类型

（1）图形元件。图形元件一般用于创建静态图像或创建可重复使用的、与主时间轴关联的动画。它有自己的编辑区和时间轴。如果在场景中创建元件的实例，那么实例将受到主场景中时间轴的约束。换句话说，图形元件中的时间轴与其实例在主场景的时间轴同步。另外，在图形元件中可以使用矢量图、图像、声音和动画的元素，但不能为图形元件提供实例名称，也不能在动作脚本中引用图形元件，并且声音在图形元件中失效。

（2）按钮元件。按钮元件是创建能激发某种交互行为的按钮。创建按钮元件的关键是设置4种不同状态的帧，即“弹起”（鼠标抬起）、“指针经过”（鼠标移入）、“按下”（鼠标按下）、“点击”（鼠标响应区域，在这个区域创建的图形不会出现在画面中）。主要用于实现交互，有时也用来制造特殊效果。

（3）影片剪辑元件。影片剪辑元件如图形元件一样有自己的编辑区和时间轴，但又不完全相同。影片剪辑元件的时间轴是独立的，它不受其实例在主场景时间轴（主时间轴）的控制。

主要指主影片中的一段影片剪辑，用来制作独立于主影片时间轴和相对主坐标系独立的动画。该元件包括交互性控制、声音甚至其他影片剪辑实例，也可以将影片剪辑元件放在按钮元件的时间轴内，以创建动画按钮。

① 包含交互控制按钮、声音、图符和其他影片剪辑，还可以添加动作脚本、滤镜和混合模式。

② 单独的图像也可以定义为MC。

3.1.2.3 元件创建

（1）创建。

① 新建。菜单“插入→新建元件”，或者Ctrl+F8打开“创建新元件”对话框，并进行命名、类型选择或者单击“库”面板内的“新建元件”按钮（图3-1）。

元件内容，可以使用绘画工具绘制、导入外部素材或拖入其他元件的实例等方法。

② 将舞台上选定的对象转换为一个元件。

a. 选择一个或多个对象。

b. “修改→转换为元件”，然后选择元件类型及元件的注册点（中心点）。

c. “确定”完成转换。此时该元件添加到库中，舞台上选定的对象成为该元件的一个实例。

d. 若要编辑元件，则可双击该实例，或在“库”面板中双击该实例即可进入该元件的编辑界面。

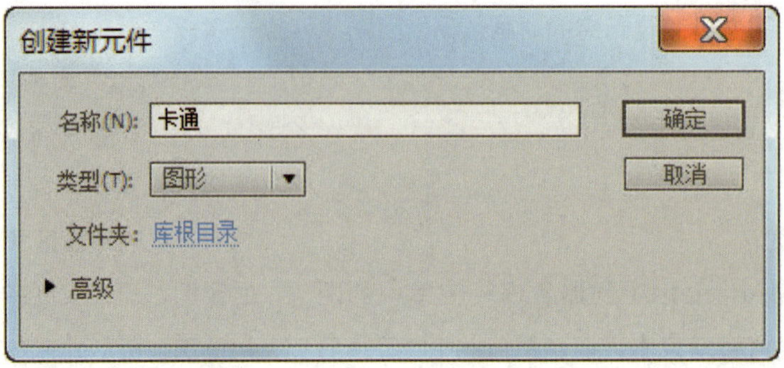

图3-1 元件的创建

③ 将已有的动画转换为元件（MC或图形元件）。

a. 按住shift键不放，单击要复制的所有层，即选择了这些层的所有帧。

b. 在时间轴上右击，执行“复制帧”。

c. “插入→新建元件”，键入名称，选好类型。

d. “确定”。该元件被添加到库中，并切换至该元件的编辑界面；在图层1的第1帧右击，选择“粘贴帧”，刚才复制的所有帧就粘贴到该元件中了。

（2）编辑元件。

① 在主场景中双击元件实例进入元件编辑模式。

② 在“库”面板中双击要修改的元件进入元件编辑模式。

③ 在主场景中用鼠标右键单击元件实例，在弹出的菜单中选择“编辑”命令进入元件编辑模式。

④ 在主场景中选择元件实例后，选择“编辑→编辑元件”命令进入元件编辑模式。

3.1.2.4 元件的实例

（1）概念。元件是在Animate中创建的图形、按钮和影片剪辑。

实例是位于舞台上或嵌套在另一个元件内的元件副本。改变实例的大小、颜色、方向等不会影响元件，但元件修改后会影响该元件的所有实例。元件与实例的关系如图3-2所示。

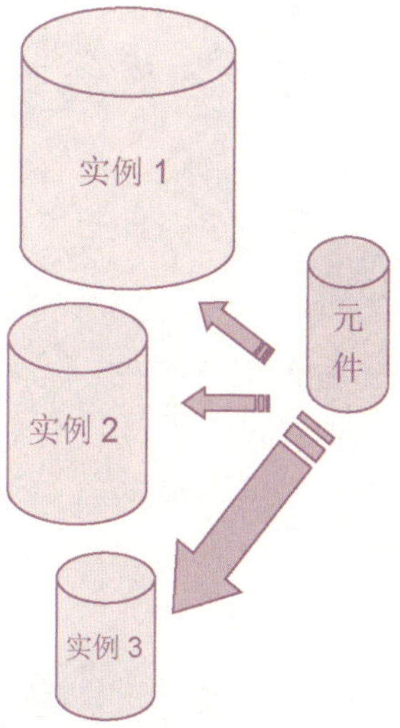

图3-2 元件与实例

（2）实例操作。

① 实例创建。将元件从“库”中拖到舞台上，舞台上则有一个该元件的实例，也可以对该实例进行编辑，即对实例进行缩放、添加滤镜等操作。

实例是元件在场景中的应用，位于舞台上或嵌套在另一个元件内的元件副本，若只修改实例只影响自身，若修改元件则影响所有实例并进行更新。

② 元件实例属性的设置。在元件实例属性在其“属性”面板中进行设置：大小、颜色、实例名，即可改变其属性的设置。

③ 实例交换。指为实例指定另外的元件，从而舞台上的实例会变为另一个实例，但原来实例属性不会改变。

操作：选中实例，在“属性”面板中单击“交换”按钮，选择需要交换元件。

3.1.3 任务实现——按钮的制作

3.1.3.1 任务知识分析

利用元件属性，制作一个圆形按钮，按钮动作颜色为黄色与蓝色的变化（图3-3）。

图3-3 按钮

3.1.3.2 任务操作

（1）文档创建。选择“文件→新建→新建文档”对话框→“类型”选择Action Script 3.0，将文档保存为“圆形按钮.fla”。

（2）“按钮”元件的创建。

① 菜单“插入→新建元件→名称：Enter”，类型：按钮→“确定”，查看库中文件。

② 选择“椭圆工具”→打开“颜色” 面板→选择“径向渐变”→颜色范围从左到右为“#FF9900”至“＃FF5500”→在“属性”上设置笔触为空→按Shift+Alt键，在中心位置绘制一个圆形350像素×350像素。

③ 同理再绘制两个同心圆形，分别缩小到原来的80%、90%，使用颜料桶工具在三个同心圆中重复操作从内向外拉出，以改变渐变的方向达到按钮效果。

（3）添加文本。

① 设置文本：选择“文本工具”按钮，输入Enter，在“属性”面板中设置大小70及字体，颜色为“白色”。

② 设置滤镜：在“属性”面板中的“滤镜”栏的“添加滤镜”按钮，选择“投影”，其属性值为默认。

（4）创建关键帧。

① 在图层“指针经过”处右击插入“关键帧”，字体颜色设为黄色，将按钮按第②步方式改成蓝色效果：颜色范围从左到右为“#0EDEEC”至“#0B51E5”。

② 同理，在“按下”处插入“关键帧”，将“弹起”关键帧的内容复制到“按下”关键帧。

③ 同理，在“点击”处插入“关键帧”，将“指针经过”关键帧的内容复制到“点击”关键帧。

此时，按钮就有了颜色变换的效果，按钮制作完毕。

（5）保存并测试（Ctrl+Enter）。保存后，菜单“控制→播放”进行测试。

3.2 “库”资源

3.2.1 任务引入

制作动画时，有些元件（对象）会在舞台中多处出现。这些对象可以被存放起来，即库，以供需要时调用，选择“窗口→库”命令，或按Ctrl+L组合键，弹出“库”面板。

3.2.2 知识引入

3.2.2.1 概述

（1）“库”面板是存储和管理导入的文件（如：视频剪辑、声音剪辑、位图）和导入的矢量插图以及用户创建的元件。

（2）“库”面板使用户可以组织文件夹中的库项目，查看项目在文档中使用的频率，并按类型对项目排序。

（3）用于存储和组织导入的文件。

（4）不同文档之间的库可以相互调用。

3.2.2.2 库的分类

（1）用户库/库面板。用来存放用户创建的元件；可在“库”面板中查看（图3-4）。

（2）公用库。用来存放系统提供的元件。包括声音、按钮和类，可通过“窗口→公用库”命令调用。

例如，选择“窗口→公用库→声音”命令，可以打开“库—SOUNDS.FLA”面板；从中可选择一些Animate动画中经常用到的声效，如人声、动物声、环境声等（图3-5）。

例如，选用“公用库→按钮”命令，打开“buttons bar”，在四个不同的帧选不同颜色的帧。

（3）外部库的文件。

选择“文件→导入→打开外部库”命令，弹出“作为库打开”对话框，在对话框中选中要使用的文件；单击“打开”按钮，选中文件的“库”面板被

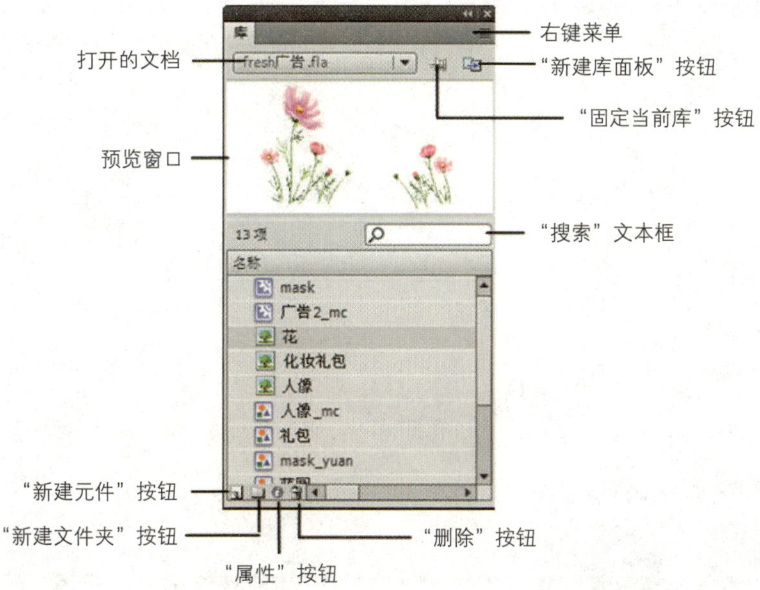

图3-4 用户库界面

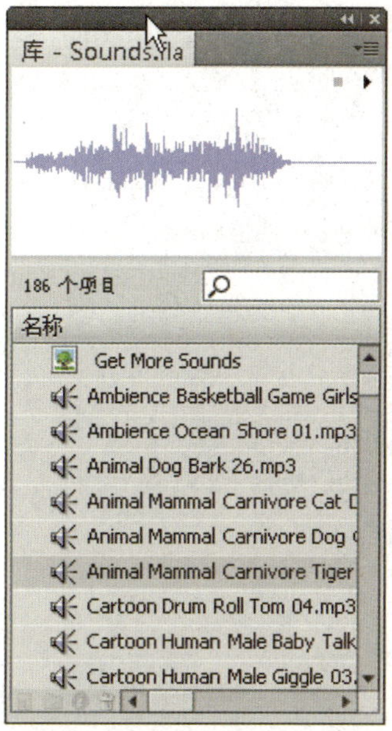

图3-5 公用库界面

调入当前的文档中。要在当前文档中使用选定文件库中的元件，可将元件拖到当前文档的“库”面板或舞台上。

3.2.2.3 素材导入

PNG文件导入时，会转换为位图，并自动生成与之对应的图形元件。

PSD文件导入时，会将其图层转换为Animate的图层或关键帧。

AI文件导入时，会将其图层转换为Animate的图层或关键帧，并检查其兼容性，可以导入未使用的元件、单个位图图像、任一个图层等多项。

3.2.2.4 元件与实例的属性（图3-6）

（1）类型：三种，改变实例在舞台上的表现类型。

（2）宽、高：显示和修改实例的宽度和高度。当左边的挂锁图标呈锁定状态时，可等比修改实例的宽度和高度，单击打开挂锁，则取消等比例修改。

（3）X、Y：显示修改实例的中心点在舞台中的X/Y坐标。

（4）颜色：改变实例的色彩效果，亮度、色调、透明度Alpha等。

（5）交换：用于给实例指定不同的元件，从而在舞台上显示不同的实例，并保留所有的原始实例属性。

（6）动画形式：图形元件实例所特有的一个功能选项，有：循环、播放一次和单帧。

3.2.3 任务实现——模拟进入空间动画

3.2.3.1 任务知识分析

“库”面板是存储和组织在Animate中创建的各种元件的地方，它还用于存储和组织导入的文件，包括元件、位图图形、声音文件和视频度剪辑。使用“库”面板可以组织文件夹中的库项目，查看项目在文档中使用的频率，并按类型对项目排序。

在本任务创作期间或在运行时，主要通过对素材导入实现图形元件“树叶”“邮件”“心云”，影片剪辑元件“树叶动画”“雨滴”以及按钮元件“邮章”等的设计与制作，并将元件作为共享库资源在场景实现多次共享，完成动画的制作，空间效果如图3-7所示。

3.2.3.2 任务操作

（1）文档创建。

① 选择“新建→新建文档对话框→类型”选择Action Script 3.0。

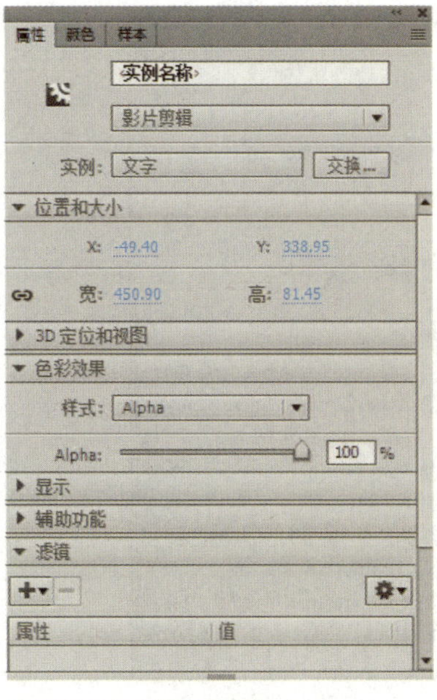

图3-6 元件属性界面

图3-7 空间效果

② 属性设置："属性"面板中的帧频（FPS）改为12.00，舞台大小为"916×630"，背景颜色为黑色"#000000"，其他默认。

（2）素材的导入。

① 将"云.jpg"和"房子背景.psd"通过菜单"文件→导入→导入到库"，双击"库"面板中"房子背景.psd"元件，进入编辑场景，删除空白"图层1"。

② 将"树叶.png"导入到库，转换图形元件"树叶"。

③ 将"sy.wav"导入到库，可单击右上角的"播放"按钮进行播放。

④ 将"邮件.ai"导入到库。

⑤ 将"源文件.fla"导入到库："文件→导入→打开外部库→源文件.fla"，全选"库-源文件.fla"中所有的元件拖到本文档的"库"面板中。

（3）"图章"元件的创建。

① 在"场景"中将舞台设置为"符合窗口大小" 

。

② 将"库"面板中的元件"树叶"和图片"树叶.png"拖到库中"花的动画素材"文件夹中。

③ 打开"邮件.ai"元件，取消邮件组合，并选中场景中的"ENTER"图章的图形后，执行"修改→转换为元件"，名称为"enter"，类型为"按钮"，对齐为中心点 ，即在库中生成元件"enter"按钮。

④ 删除"邮件.ai"元件场景中"ENTER"图章，并将其余全部组合，中部居中。

⑤ 打开库中元件"enter"进入"enter"按钮元件的编辑场景中，选中舞台中实例对象按两次Ctrl+B进行分离，并观察两次分离的不同效果。

⑥ 在按钮元件"enter"的"图层1"的"指针经过""按下""点击"帧处添加"关键帧"。

⑦ 将时间轴滑块移动到"指针经过"帧，选中实例对象，属性面板的填充颜色为湖蓝色"#339999"。

⑧ 同理在"按下"帧处，填充颜色为"#FFCC99"，并通过菜单"窗口→变形Ctrl+T"更改宽和高均为80%；此时可进行播放测试。

（4）元件"心云"的制作。

① 在菜单"插入→新建元件"→名称：心云，类型：图形→确定，并打开新元件的编辑场景。

② 将库中的"云.jpg"图片拖到"心云"元件中，完成图形元件的创建。

③ 单击左上角"场景1"进入主场景或双击库中"心云"进入该元件编辑场景。

④ 在"心云"元件场景中新建一个"图层2"，用"铅笔工具"笔触，颜色为白色，绘制一个心形，并放置在一大片云的图案上，通过"颜料桶工具"填充为"白色"。

⑤ 右击"图层2"，菜单中选择"遮罩层"，实现图层2转换为遮罩层，图

层1转换为被遮罩层，舞台上出现一个心形的云朵。

（5）元件“树叶的动画”的制作及交换。

① 右击库中的“树叶”图形元件→属性→类型：影片剪辑→确定（注意图标变化）。

② 在库面板中将元件“花的动画”改名为“树叶的动画”，将文件夹“花的动画素材”改为“树叶的动画素材”。

③ 菜单“插入→新建元件→名称：树叶模糊，类型：图形→确定”，并打开新元件的编辑场景。

④ 将“影片剪辑”元件“树叶”从“库”中拖出一个实例到“树叶模糊”场景中。

⑤ 选中该实例对象，中部居中，在“属性”面板的“滤镜”中“添加滤镜”，弹出菜单选“模糊”，设置模糊效果参数“模糊X”和“模糊Y”均为30像素，其他默认。

⑥ 按Ctrl+C键复制实例一个（在同一位置），“窗口→变形”，变形缩小为80%。

⑦ 打开图形元件“树叶的动画”，图层1选中“花模糊”图形元件实例，在属性面板中单击“交换”按钮；开始交换元件：在列表框中选择图形元件“树叶模糊”作为交换对象。

⑧ 将时间轴块分别移到图层2的第40帧和第60帧处，选中图层2场景中的影片剪辑“花”实例，交换为“树叶”影片剪辑实例。

⑨ 若后期使用位置不正确，则在图形元件“树叶的动画”场景中调整图层1中的实例位置到图层2中实例的第60帧所在的位置；在图层2中在第40帧处的位置，在图层1中的实例的右边。

（6）动画的“背景”层的布置。

① 将场景1中舞台背景色设置为绿色“#339933”，将“图层1”命名为“背景”。

② 将“库”的图形元件“房子背景.psd资源”拖到舞台上，出现元件的实例；此时图层中的第1帧变为关键帧。

③ 选中舞台上的背景图实例对象，打开“对齐”（Ctrl+K）面板，勾选“与舞台对齐”，以及点击“水平中齐”和“垂直中齐”按钮。

④ 在“背景”图层的第60帧按F5键添加普通帧，达到延长该图层的播放时间，并锁定该图层。

（7）动画的“场景”布局。

① 依次新建图层“心云”“蒲公英”“雨滴”“树叶动画”“信封”“图章”“脚本”“背景音乐”。

② 选中“图章”图层，新建图层文件夹“邮件”，将图层“图章”和“信封”拖到文件夹“邮件”中。

③ 选中“心云”图层，从库面板中将图形元件“心云”拖一个实例到舞台背景图片上的云朵上。

④ 选中图层“心云”后，再选中“心云”实例，先设置类型为“影片剪辑”，在“属性”面板中将实例命名为“模糊的心云”，即实现图形元件转换为影片剪辑元件实例，便于制作滤镜效果。

⑤ 点击属性面板“滤镜”的“添加滤镜”按钮后，选择“模糊”滤镜效果，设置“模糊X”“模糊Y”的值均为10像素，并用“任意变形工具”将实例对象稍稍旋转倾斜。

⑥ 选择“蒲公英”图层，在库中将影片剪辑元件“蒲公英动画”拖一个实例到舞台背景画面左下角，并通过“变形”将宽和高缩小至60%。

⑦ 选择“雨滴”图层，从库中将图形元件“圈圈”拖若干个实例到舞台背景画面的地面上（图3-8）。

⑧ 选中“雨滴”图层画面中的一个图形元件“圈圈”实例后，在属性面板展开“循环”选项栏，将面板中的“第一帧”设为从第2帧开始循环；同理设置其他圈圈图形元件实例从不同的帧开始循环，菜单“控制→播放”测试雨滴动画。

⑨ 选择“树叶动画”图层，从“库”中将图形元件“树叶的动画”拖一个实例到舞台背景画面的左上角，同理拖一个图形元件实例“树叶的动画”到舞台的右上角，执行菜单“修改→变形→水平翻转”，调整左右实例在同一水平位置上。

（8）邮件动画的制作。

① 在“时间轴”面板的“信封”图层第25帧处，右击并插入“空白关键帧”（F6）。

② 在该空白关键帧处的舞台上，从“库”中把图形元件“邮件.ai”拖一个实例到舞台右下角的外侧，并通过“任意变形工具”将其旋转倾斜，比例缩小为80%。

③ 在“信封”图层第25帧处以后任意普通帧上单击右键，选择“创建补间动画”，此时可以看到过渡帧呈现为浅蓝色的背景。

-提 示-

图层模式有当前模式和锁定模式，前者可对其对象进行编辑，后者不能对其上的对象进行操作。

图3-8 雨滴界面

④ 在“信封”图层中将时间轴滑块移动到第40帧处，将舞台上的信封实例对象拖到舞台中间，此时第40帧处会自动创建一个属性关键帧，并且舞台上会显示补间动画的运动路径。

⑤ 选择“选择工具”，单击舞台上信封实例对象的运动路径，拖为弧形。

⑥ 在“图章”图层的第40帧处插入一个“空白关键帧”，从库中将“enter”按钮元件拖到舞台信封的上方，即实出邮件的动画制作；注意图章与信封图层在“邮件”文件夹中的顺序。

（9）脚本以及背景音乐的添加。

① 选中“脚本”图层第60帧处插入一个空白关键帧，菜单“窗口→动作（F9）”，在弹出的“动作”面板右边的脚本区域，写上代码“stop( );”，让动画播放完毕后自动停止。

② 将图层“背景音乐”拖到时间轴的最下端，即最下层。

③ 选中图层“背景音乐”图层的第1帧，在属性面板“声音”选项中的“名称”处选择声音文件“sy.wav”。

④ 或在第1帧处拖入声音文件“sy.wav”。

（10）测试动画效果。

菜单“控制→测试影片→测试”命令。

课后练习

制作美食电子菜单

使用“导入到库”命令，将素材导入到“库”面板；使用“创建元件”命令，制作按钮元件；使用“文本”工具，添加文字标题，完成电子菜单的制作，最终效果如图3-9所示。

图3-9 最终效果图

项目4

图形的绘制与编辑

素材　　PPT 课件

学习目标

1. 掌握基本线条与图形的绘制。
2. 掌握颜色填充的各种方法，能够完成不同类型颜色的填充。
3. 熟练掌握图形编辑工具的使用方法和技巧；以及运用“对齐”和“变形”编辑实现图形绘制。

4.1 图形的编辑

4.1.1 任务引入

在Animate CC中，用绘图工具创建的矢量图形以及导入的位图图像，可以进行变形、缩放、旋转、封套等操作，还可以根据需要对对象进行组合、分离、排列和对齐等一系列操作，以达到图形、场景的制作要求。

本项目主要使用工具箱中的工具、菜单中的命令以及配合一些设计面板，对绘制的图形进行各种编辑操作，完成图形的制作。

4.1.2 知识引入

4.1.2.1 图像复制

（1）用拖动鼠标的方法复制图形。选择要复制的图形，按住Alt键拖动鼠标可进行复制（图4-1）。

（2）用快捷键复制图形。选中要复制的图形，按Ctrl+C组合键将，再按Ctrl+V组合键可以将对象粘贴到舞台，从而完成复制。如按下Shift+Ctrl+V组合键，可以将对象进行原位置粘贴。

（3）用菜单命令复制图形。选中要复制的图形，选择“编辑→复制”命令，然后做如下选择：

图4-1　复制图形

①选择“编辑→粘贴到中心位置”命令，则复制的图形会出现在舞台的中心位置。

②选择“粘贴到当前位置”命令，则复制的图形会出现在原图的位置。

③选择“选择性粘贴”命令，则会弹出“选择性粘贴”对话框，设置粘贴的类型（图4-2）。

4.1.2.2 组合图形

选中多个图形（图4-3），选择“修改→组合”命令，或按Ctrl+G组合键，将选中的图形进行组合（图4-4）。

4.1.2.3 分离图形

要修改多个组合图形、图像、文字或组件时，可使用“修改→分离”命令。另外，制作变形动画时，需使用“分离”命令将组合图形、图像文字或组件转变成图形。

选中组合图形（图4-5），“选择→分离”命令，或按Ctrl+B组合键，将组合的图形打散，多次使用“分离”命令的效果如图4-6所示。

4.1.2.4 图形的对齐

当选择多个图形、图像、图形的组合和组件时，可以通过“修改→对齐”中的命令调整它们的相对位置，如果要将多个图形的顶部对齐。可选中多个图形，然后选择“修改→对齐→顶对齐”命令，将所有图形的顶部对齐（图4-7）。

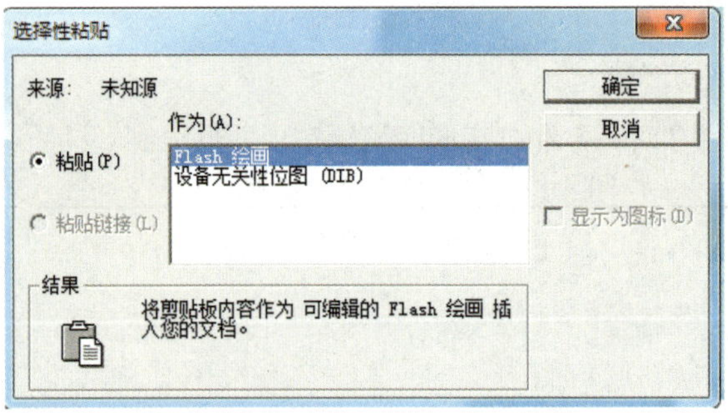

图4-2 选择性粘贴

图4-3 图形组合前

图4-4 图形组合后

图4-5 执行一次分离对比

图4-6 执行多次分离对比

图4-7 顶对齐前后对比

图4-8 移动旗子图层顺序

4.1.2.5 图层顺序调整

制作复杂图形时，需要调整图形的叠放次序，可以通过“修改→排列”中的命令来调整图像叠放效果，如果要将图形移动到所有图形的顶层。选中要移动的旗子图形，选择“修改→排列→移至顶层”命令，将选中的旗子图形移至所有图形的顶层（图4-8）。

4.1.3 任务实现——折扇的制作

4.1.3.1 任务知识分析

主要利用椭圆工具、矩形工具、颜色填充工具，并结合变形面板命令进行制作，形成折扇的造型，进行颜色填充，最终形成折扇图形的制作（图4-9）。

4.1.3.2 任务操作

（1）手柄绘制。

① 选择“文件→新建”命令，在弹出的“新建文档”对话框中选择“Action Script 3.0”选项，点击“确定”按钮，完成文档的创建。

② 在工具栏中选择“椭圆”工具，设置“笔触颜色”为深棕色，“填充颜色”为无，按住“shift”键的同时拖曳鼠标，绘制正圆，设置笔触大小为11.5（图4-10）。

（2）扇页绘制。

① 在工具栏中选择“直线”工具，设置“笔触颜色”为深棕色，“填充颜色”无，绘制一条直线（图4-11）。

② 在工具栏中选择“任意变形”工具，将直线的中心点移动到圆的中心位置（图4-12）。

③ 在菜单栏选择“修改→变形→任意变形”命令，点击“变形”工具，在弹出的对话框中设置“旋转”值为7.5，点击“重制选取和变形”按钮，点击19次，直线沿圆的中心选择复制19个，效果如图4-13所示。

图4-9 折扇图形

图4-10 设置笔触大小

图4-11 绘制直线

④ 以扇骨交叉中心点为中心绘制两个同心圆，调整圆的大小和位置（图4-14）。

⑤ 使用“选择工具”工具，删除多余线段（图4-15）。

⑥ 新建图层，选择直线，复制到图层（图4-16）。

（3）填充颜色。

① 设置颜色，使用“颜料桶”工具，在图层1填充颜色，删除多余线段（图4-17）。

② 使用“选择工具”工具，调整扇子边缘形状（图4-18）。

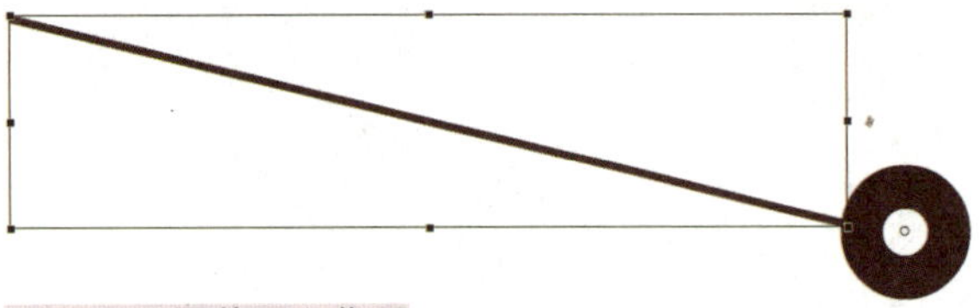
图4-12 调整圆心位置

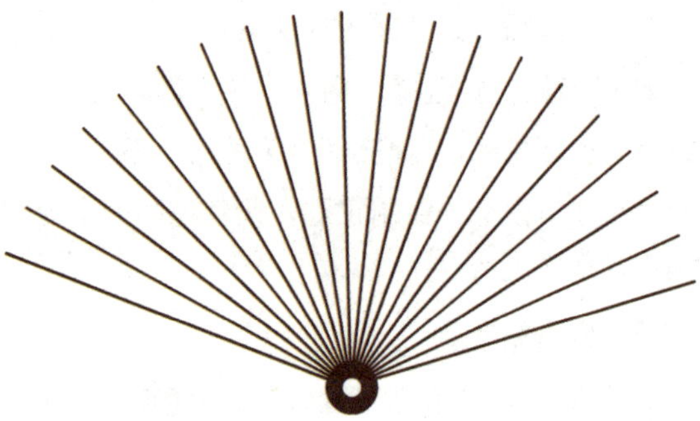
图4-13 旋转复制效果

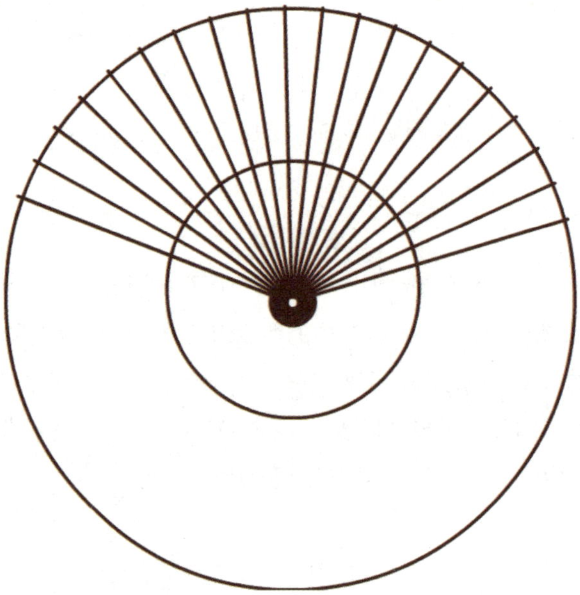
图4-14 绘制同心圆

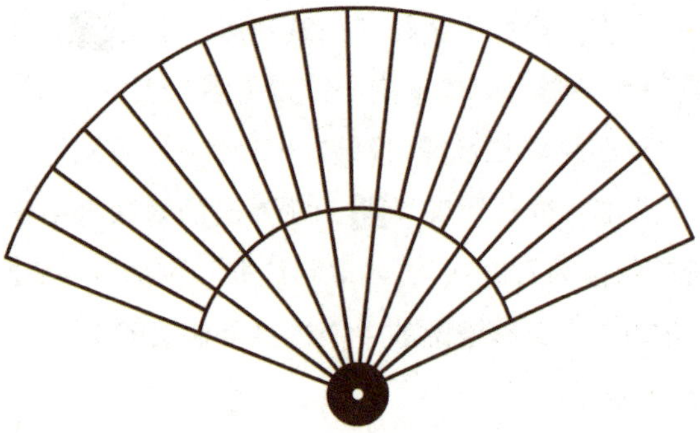
图4-15 删除多余线段后的效果

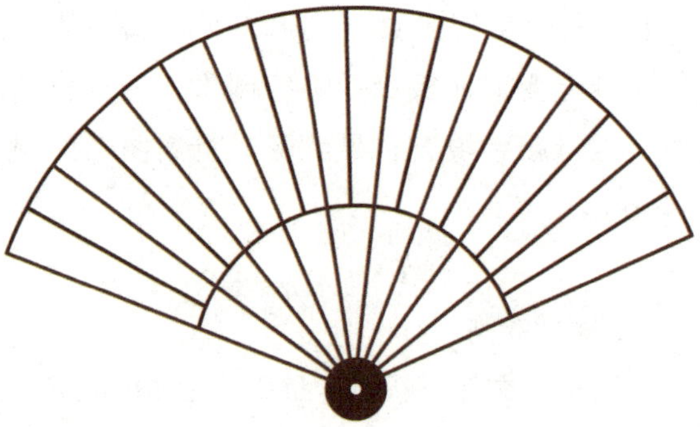
图4-16 复制图层

图4-17 填充颜色

图4-18 边缘修改

③ 新建图层2，选择所有填充颜色的图形，按快捷键“Ctrl+X”剪贴，选择图层2，再按快捷键“Ctrl+Shift+V”粘贴到当前位置，删掉边上同心圆剩余的线，选择图层1所有直线调整笔触大小，完成效果如图4-19所示。

（4）保存文档。以“折扇.FLA”为名保存到文件夹中。

图4-19 完成效果

4.2 图形及场景的绘制

4.2.1 任务引入

在Animate CC中，图形绘制是动画制作的基础，只有绘制好了静态矢量图，才可能制作出优秀的动画作品。在Animate CC中，绘图工具通常包括线条工具、铅笔工具、钢笔工具、笔刷工具、多边形工具等。

本项目主要使用工具箱中的线条工具、铅笔工具、钢笔工具、椭圆工具、多边形工具和菜单中的命令以及配合一些设计面板，对绘制的图形进行各种编辑操作，完成图形、场景的绘制。

4.2.2 知识引入

4.2.2.1 “线条”工具

选择“线条”工具，在舞台上单击鼠标，按住鼠标不放，并向右拖动到需要的位置，绘制出一条直线。可以在直线工具“属性”面板中设置不同的线条颜色、线条粗细、线条类型（图4-20）。

4.2.2.2 “椭圆”工具

选择“椭圆”工具，在舞台上单击鼠标，按住鼠标不放，并向需要的位置拖曳鼠标，绘制出椭圆图形。可以在椭圆工具“属性”面板中设置不同的边框颜色、边框粗细、边框线型和填充颜色（图4-21）。

4.2.2.3 “矩形”工具

选择“矩形”工具，在舞台上单击鼠标，按住鼠标不放，并向需要的位置拖曳鼠标，绘制出矩形图形。可以在矩形工具“属性”面板中设置不同的边框颜色、边框粗细、边框线型和填充颜色（图4-22）。

4.2.2.4 “多角形”工具

应用多角星形工具可以绘制出不同样式的多边形和星形。选择“多角星形”工具，在舞台上单击鼠标，按住鼠标不放，向需要的位置拖曳鼠标，绘制出

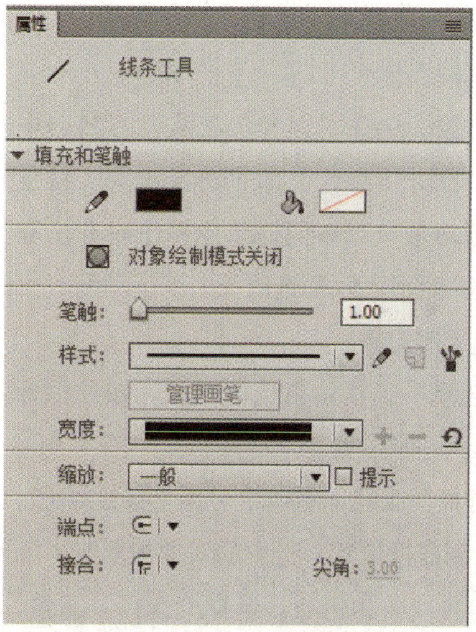

图4-20 直线工具“属性”面板

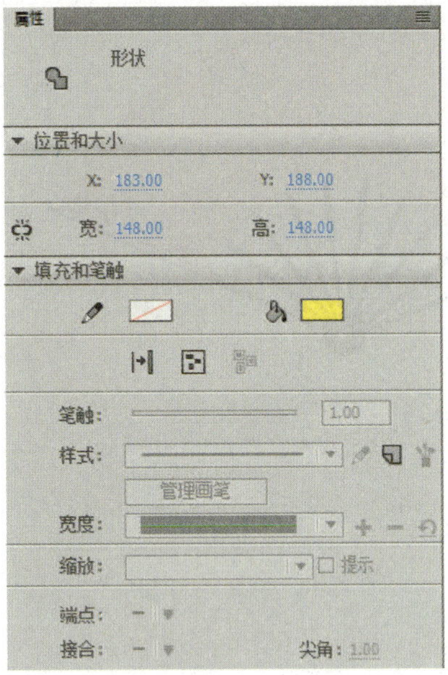

图4-21　椭圆工具“属性”面板

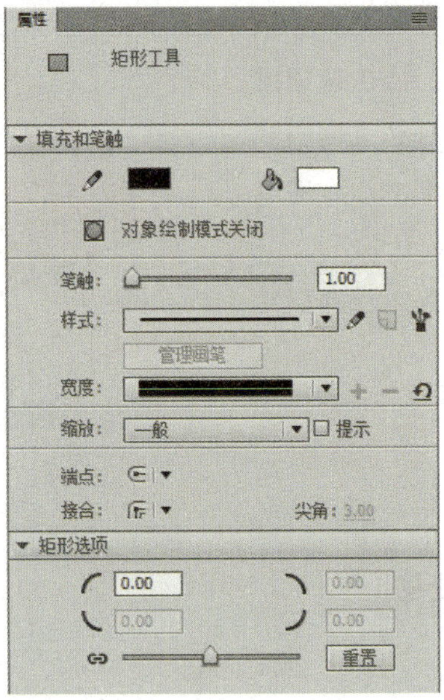

图4-22　矩形工具“属性”面板

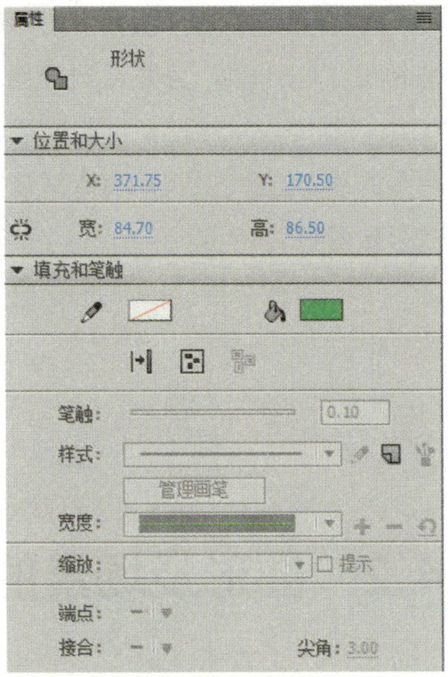

图4-23　多角星形工具“属性”面板

多边形。可以在多角星形工具“属性”面板中设置不同的边框颜色、边框粗细、边框线型和填充颜色（图4-23）。

4.2.2.5　“钢笔”工具

选择“钢笔”工具，将鼠标放置在舞台上想要绘制曲线的起始位置，然后按住鼠标不放。此时出现第一个锚点，并且钢笔尖光标变为箭头形状。松开鼠标，将鼠标放置在想要绘制的第二个锚点的位置，单击鼠标并按住不放，绘制出一条直线段。将鼠标向其他方向拖曳，直线转换为曲线。松开鼠标，一条曲线绘制完成。

4.2.2.6　选择工具

（1）选择对象。选择“选择”工具，在舞台中的对象上单击鼠标进行点选，即可选择对象。按住Shift键，再点选对象，可以同时选中多个对象。在舞台中拖曳出一个矩形可以框选对象。

（2）移动和复制对象。

① 选择“选择”工具，点选中对象，按住鼠标不放，拖曳对象到任意位置。

② 选择“选择”工具，点选中对象，按住Alt键，拖曳选中的对象到任意位置，选中的对象被复制。

（3）调整向量线条和色块。选择“选择”工具，将鼠标移至对象，鼠标下方出现圆弧。拖动鼠标，对选中的线条和色块进行调整。

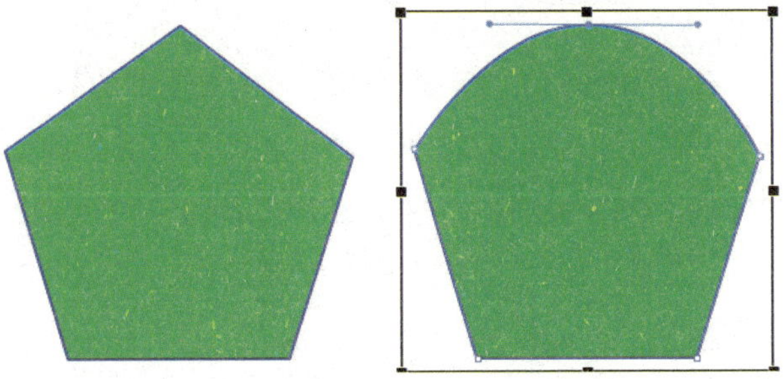

图4-24　将直线调成曲线

4.2.2.7　部分选择工具

选择“部分选取”工具，在对象的外边线上单击，对象上出现多个节点。拖动节点来调整控制线的长度和斜率，从而改变对象的曲线形状（图4-24）。

4.2.3　任务实现——卡通小鸡的绘制

4.2.3.1　任务知识分析

本任务主要使用钢笔工具、直线工具绘制线条，通过选择工具和部分选择工具调整不同弧度的曲线，完成图形的轮廓绘制，使用颜料桶工具填充颜色，完成卡通小鸡的绘制（图4-25）。

4.2.3.2 任务操作

（1）文档创建。选择“文件→新建”命令，在弹出的“新建文档”对话框中选择“Action Script 3.0”选项，点击“确定”按钮，完成文档的创建。

（2）绘制头部轮廓。

① 按“Ctrl+F8”组合键，弹出“新建创元件”对话框。在“名称”选项的文本框中输入“小鸡”。在“类型”选项下拉列表中选择“图形”选项，单击“确定”按钮。

② 进入“小鸡”元件的编辑界面，将图层1命名为“头”，在工具栏中选择“椭圆”工具，设置“填充颜色”为无，绘制椭圆，并使用“选择工具”调整形状，画出小鸡的头部轮廓（图4-26）。

（3）绘制眼睛和嘴巴。使用“直线”工具与“椭圆”工具，画出小鸡的眼睛和嘴巴，并调整形状（图4-27）。

（4）绘制脸部，脚，鸡冠。继续绘制脸部，脚，鸡冠，并调整形状（图4-28）。

（5）填充颜色。

① 设置颜色，使用“颜料桶”工具，分别填充颜色（图4-29）。

② 选择所有线稿，按Delete键，删除所有线稿，最终完成效果如图4-30所示。

至此，以“卡通小鸡.FLA”为名进行保存，可按Ctrl+Enter进行测试。

图4-25 卡通小鸡效果图

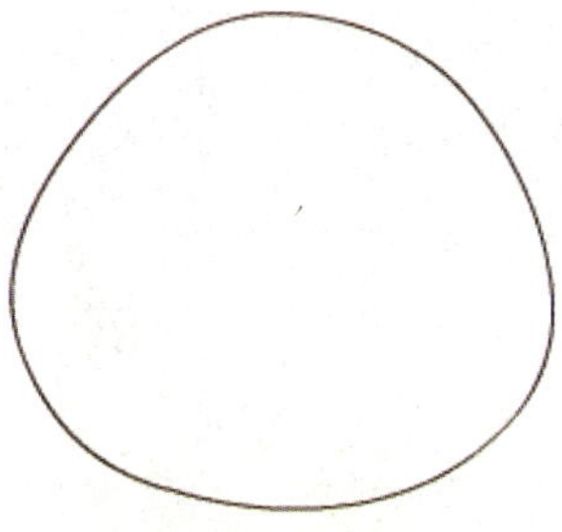

图4-26 小鸡的头部轮廓

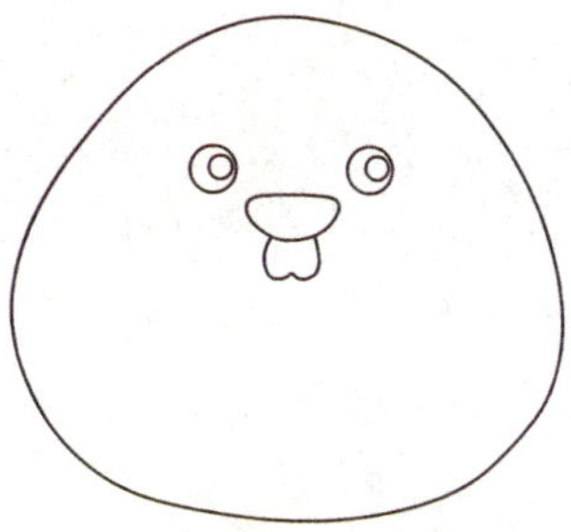

图4-27 眼睛和嘴巴

图4-28 完成线稿

图4-29 上色完成效果

图4-30 完成效果

4.3 图形工具的应用——绘制卡通风车场景

4.3.1.1 任务知识分析

使用矩形工具、线条工具、选择工具绘制图形，通过选择工具和部分选择工具调整不同弧度的曲线，使用变形面板对齐、复制命令，完成风车图形的绘制，使用对象编辑命令制作图形，使用颜料桶工具填充颜色，完成卡通风车场景的绘制（图4-31）。

4.3.1.2 任务操作

（1）文档创建。选择“文件→新建”命令，在弹出的“新建文档”对话框中选择“Action Script 3.0”选项，点击“确定”按钮，完成文档的创建。

（2）绘制屋顶。

①选择“多边形”工具，设置“填充颜色”为无，在属性面板中单击“选项”按钮，打开“工具设置”对话框，将“样式”设为多边形，“边数”设为3（图4-32），然后在舞台上绘制一个正三角形（图4-33）。

②选取“选择”工具，将鼠标分别置于三角形的三个角上，当光标变为直角形状时，拖动鼠标，分别移到三个顶点的位置。再将“选择”工具置于三角形三个边，当光标变为弧形形状时，拖动鼠标，调整边的弧形（图4-34）。

③选择“部分选择”工具，点击三角形，弹出点的调节光标，移动顶点的调节光标，调整顶点的弧度，分别调整三个顶点的弧度（图4-35）。

④选绘制择“直线”工具，在小三角形里面绘制一条斜线，并调整线的弧度，作为阴影部分（图4-36）。

图4-31 卡通风车场景

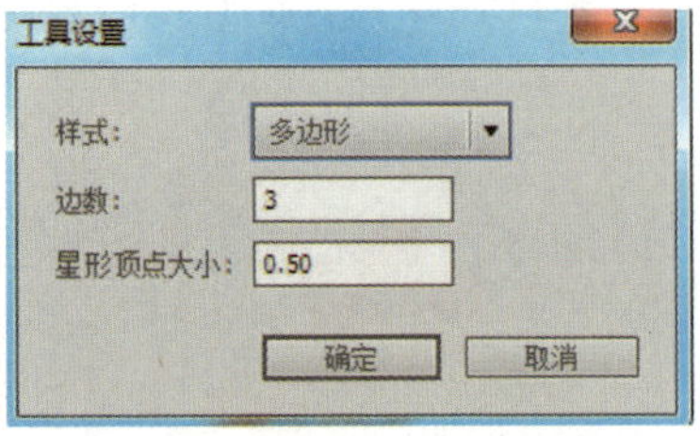

图4-32 工具设置

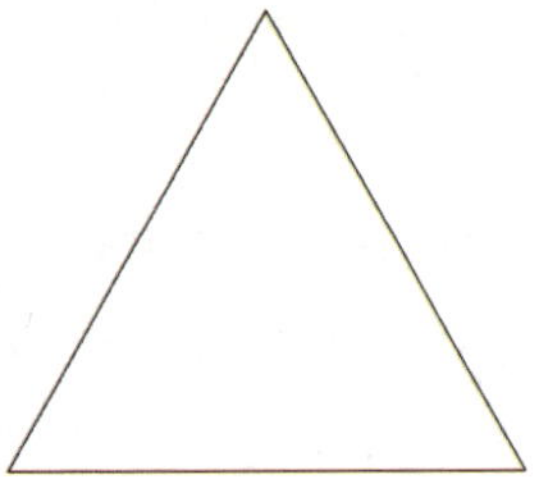

图4-33 正三角形

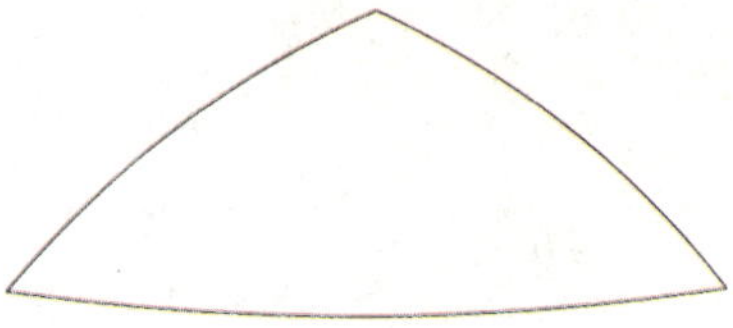

图4-34 调整顶点位置和边的弧度

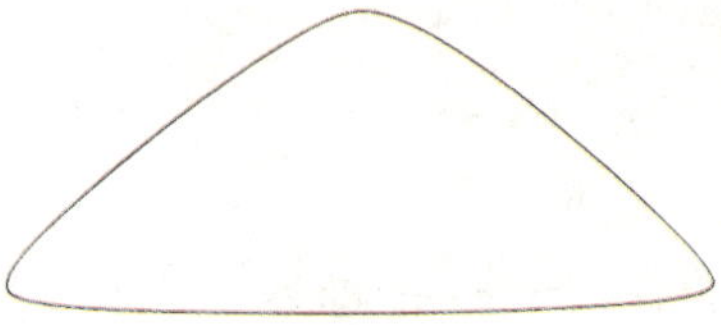

图4-35 调节完成效果

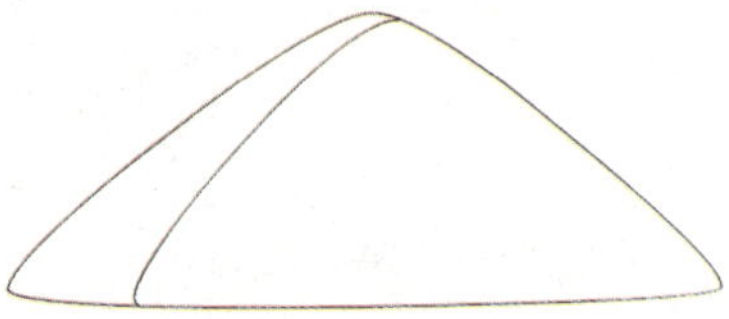

图4-36 斜线调整后效果

（3）绘制墙面。选择“直线”工具，在小三角形下面绘制图形，并将底边调整为弧形，作为墙面（图4-37）；绘制墙面阴影部分（图4-38）。

（4）绘制门。选择“矩形”工具，设置“填充颜色”为无，在墙面上绘制一个矩形，调整其形状，选择“直线”工具，在矩形内绘制直线，调整形状作为门的阴影部分（图4-39）。

（5）绘制窗户。

① 选择“矩形”工具，设置“填充颜色”为无，在墙面上绘制一个矩形，点击“变形”工具，在弹出的对话框中设置旋转“角度”为90°，点击“重置选区和变形”按钮（图4-40）。

② 在工具栏中选择“椭圆”工具，设置“填充颜色”为无，在边上绘制椭圆（图4-41）；同时选中椭圆和“十字形”，点击“对齐”工具，在弹出的面板中，先选中“垂直对齐”，再选择“水平对齐”（图4-42）。

③移动图形位置，并删除多余的线，作为窗户（图4-43）。

（6）绘制风车。

① 选择“矩形”工具，设置边框颜色为“无”，“填充颜色”为黄色，绘制一个矩形，进行旋转复制，设置旋转角度为90°，复制一个矩形，选择两个矩形，按“Ctrl+G”组合键，将这两个图形群组，旋转45°，移到相应位置（图4-44）。

② 选择“矩形”工具，设置“边框颜色”为黄色，“填充颜色”为“无”，“笔触”为1.5，绘制一个宽为15、高为6的小矩形，按住“Alt”键并用选择工具拖动小矩形，将其复制5份，使每份都首尾相接（图4-45）。

图4-37　墙面绘制和底边调整

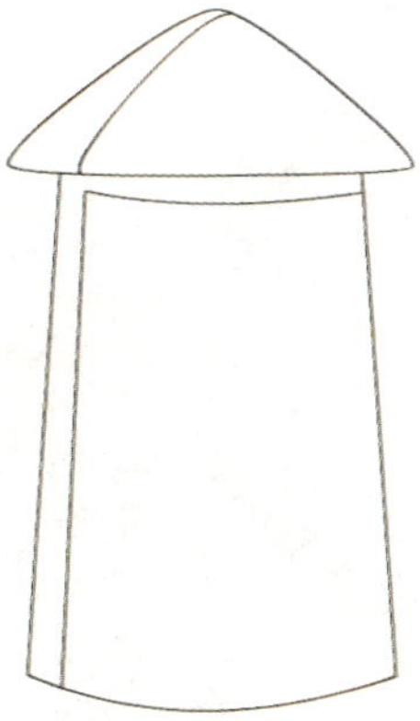
图4-38　墙面阴影绘制

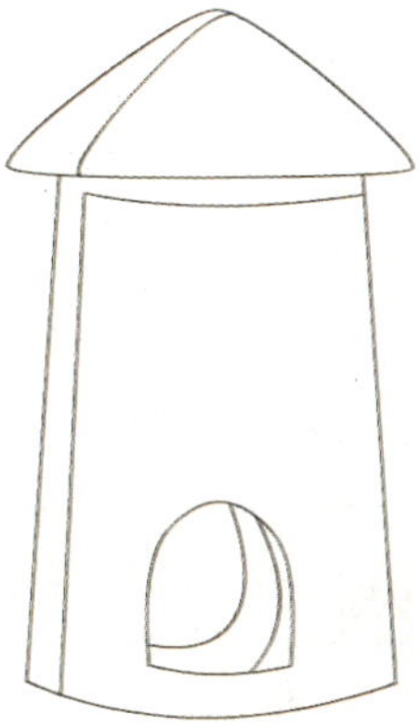
图4-39　门绘制完成

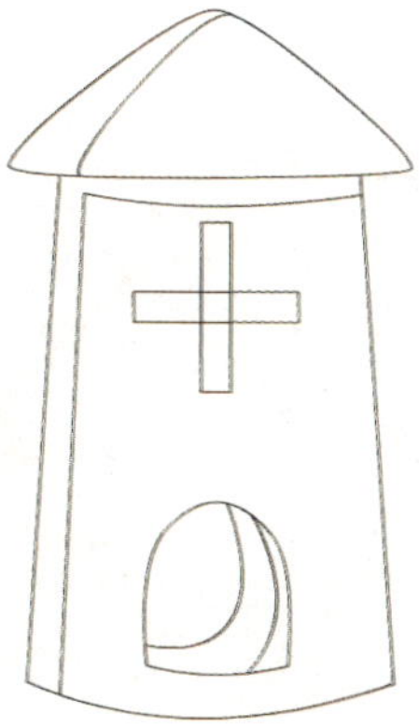
图4-40　旋转负责矩形

图4-41　绘制椭圆

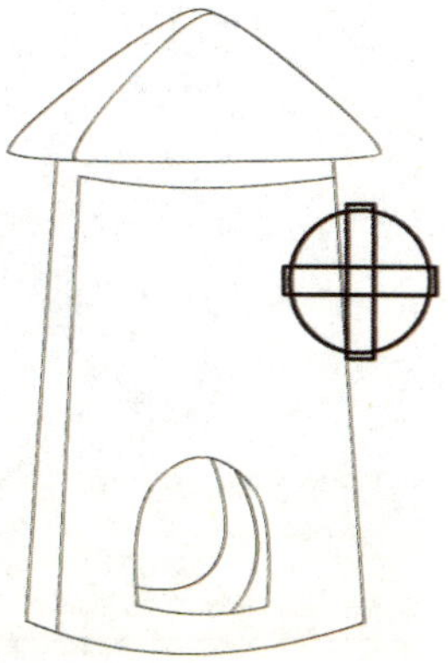
图4-42　矩形和椭圆对齐

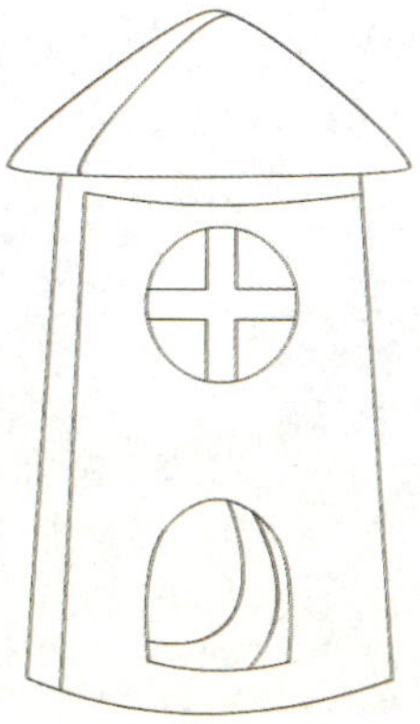
图4-43　绘制窗户

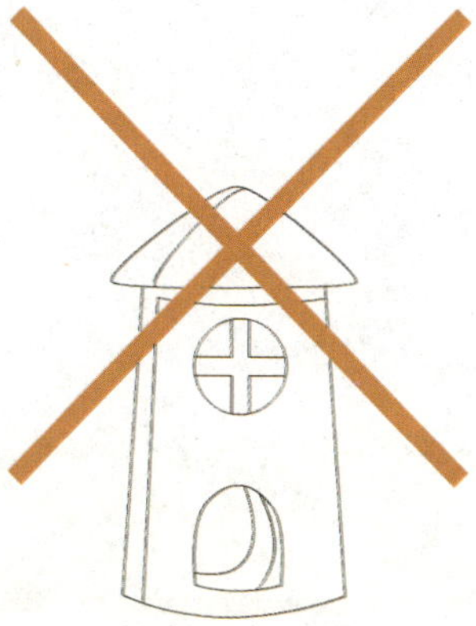
图4-44　风车杆绘制

图4-45　复制矩形

图4-46　风车的扇页

③ 将6个连在一起的矩形全选，按“Ctrl+G”组合键群组图形。用同样的方法，将群组后的图形向下复制4份（图4-46），作为风车的扇页。

④ 将做好的风车扇页群组后，复制3份。将其中两份在“变形”面板中旋转45°，另外两份则旋转-45°，放置在风车旋转杆的两边，选择风车的所有扇叶和风车杆，按“Ctrl+G”组合键群组图形，如图4-47所示。

⑤ 设置颜色，使用“颜料桶”工具，为房子填充颜色，填充完成后删除所有线，选择房子所有图形，按“Ctrl+G”组合键群组图形，完成效果如图4-47所示。

（7）绘制背景。绘制背景，用“钢笔”工具，绘制轮廓线，并调整形状（图4-48）。

（8）填充颜色。设置颜色，使用“颜料桶”工具，为背景填充颜色，填充完成后删除所有线，选择背景所有图形，按“Ctrl+G”组合键群组图形（图4-49）。

（9）调整图层顺序。选择背景图形，单击鼠标右键，在弹出的菜单栏中选择“排列→移至底层”命令，卡通风车场景绘制完成（图4-50）。

至此，以“卡通风车场景.FLA”为名进行保存，并按Ctrl+Enter进行测试。

图4-47　群组风车图形

图4-48　背景轮廓线

图4-49　组合背景

图4-50　卡通风车场景绘制完成效果

课后练习

商场促销吊签的制作

使用“文本”工具，添加文字效果；使用“分离”命令，将文字转为形状；使用“组合”命令，将图形组合；使用“变形”面板，改变图形的角度，完成场促销吊签的制作，最终效果如图4-51所示。

图4-51 最终效果图

项目5

逐帧动画和补间动画的制作

素材　PPT 课件

学习目标

1. 了解Animate动画的基本原理及概念。
2. 了解帧的类型，掌握帧的编辑方法。
3. 掌握逐帧动画以及补间动画的制作方法及制作技巧。

5.1 逐帧动画

5.1.1 任务引入

在Animate CC中，任何动画都包含帧，每个帧都包含一个静态的图像，当这个图像与其他帧的图像按顺序进行播放时，就产生了动画效果。在Animate中，帧在时间轴上以小方框的形式显示。帧是动画的基本要素；图层则用来组织动画的各个元素。

本项目主要使用“文本”工具，添加文字，使用“翻转帧”命令，插入“关键帧”等命令编辑帧，完成逐帧动画制作。

5.1.2 知识引入

5.1.2.1 Animate动画的基本原理及概念

所谓动画就是将系列的静止画面连续播放出来，利用人的视觉残留效应，就会呈现出动态影像。在传统动画的制作中，动画中的每一幅画面都是人工绘制的，而Animate动画的原理和传统的动画是一样的，只是在动画制作过程中，不需要绘制每一幅画面，可以通过制作关键帧，进行动作的过渡，这样大大提高了动画制作的效率。

在Animate动画中，连续的画面建立在各个图层的每一帧中，一个完整的动画实际上是由许多不同的帧组成的。这一系列单幅的画面就叫作帧，它是Animate CC动画中最小时间单位里出现的画面。每秒钟显示的帧数称为帧率，如果帧率太慢就会给人造成视觉上不流畅的感觉。所以，按照人的视觉原理，一般将动画的帧率设为24帧1秒。

在Animate中，动画制作的过程就是决定动画每一帧显示什么内容的过程。用户可以像传统动画一样自己绘制动画的每一帧，即逐帧动画。但逐帧动画所需的工作量非常大，为此，Animate CC还提供了一种简单的动画制作方法，即采用关键帧处理技术的补间动画。补间动画又分为运动动画和变形动画两种。

制作补间动画的关键是绘制动画的起始帧和结束帧，中间帧的效果由Animate自动计算得出。为此，在Animate中提供了关键帧、过渡帧和空白关键帧的概念。关键帧描绘动画的起始帧和结束帧。当动画内容发生变化时必须插入关键帧，即使是逐帧动画也要为每个画面创建关键帧。关键帧有延续性，开始关键帧中的对象会延续到结束关键帧。过渡帧是动画起始、结束关键帧中间系统自动生成的帧。空白关键帧是不包含任何对象的关键帧。因为Animate CC只支持在关键帧中绘画或插入对象。所以，当动画内容发生变化而又不希望延续前面关键帧的内容时，需要插入空白关键帧。

5.1.2.2 帧的类型

（1）普通帧。普通帧用于显示同层上前一个关键帧的内容，并截止到下一个关键帧。它是延续前面相邻关键帧画面的时间，它的内容与紧邻的前关键帧画面一样。在时间轴上，普通帧以空心矩形或单元格表示，每一小格就是一帧，选中帧后再按F5键，可创建普通帧。

（2）关键帧。关键帧用于定义动画中的变化，以呈现出关键性的动作和内容，是添加了内容的空白关键帧。可以在关键帧之间添加普通帧，并通过制作补间动画生成流畅的动画。在时间轴中拖动关键帧，可以更改补间动画播放的时间。关键帧在时间轴中以黑色实心小圆点表示。

（3）空白关键帧。空白关键帧主要用于在画面和画面之间形成间隔，它是没有添加任何内容的关键帧。空白关键帧在时间轴上用空心的小圆圈表示。一旦在空白关键帧中创建了内容，它就会变为黑色小圆点，表示变成了关键帧。按F7键可以创建空白关键。

5.1.2.3 帧的基本操作

帧的基本操作主要基于时间轴（图5-1）。编辑帧就是用于确定每一帧的显示内容，动画的播放状态和播放时间等。帧的编辑包括：选择帧、插入帧、复制帧、粘贴帧、移动帧、删除帧、翻转帧等。

（1）选择帧。要编辑帧，首先就需要选择帧，在时间轴中选择帧的方法有4种：

① 选择单个帧：只需在需要选择的帧上单击即可。

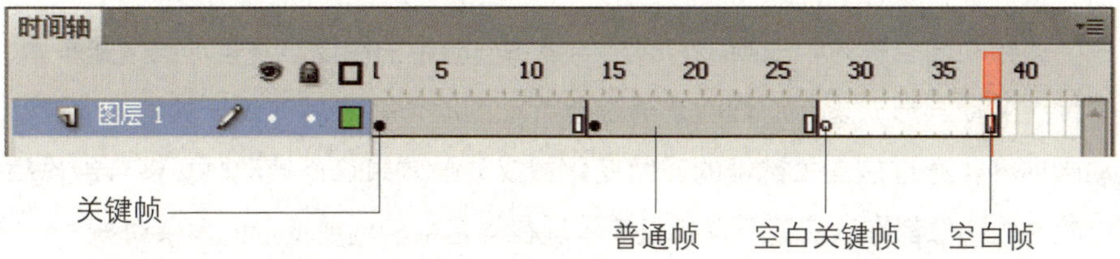

图5-1 时间轴

② 选择不连续的多个帧：按住Ctrl键的同时依次单击要选择的多个帧。

③ 选择连续的多个帧，按住鼠标左键拖过需要选择的帧即可。

④ 选择所有帧单击图层，可将此图层的所有帧选中。在帧上右击，在弹出的快捷菜单中选择选择所有帧命令，可将时间轴中的所有帧选中。

（2）插入帧。在时间轴上完成插入帧操作的关键是选择插入不同类型的帧。如果要设计新的动画内容，就需要插入帧，插入帧就是创建帧，可以插入普通帧、关键帧和空白关键帧。

① 插入普通帧：在时间轴中将鼠标在需要插入帧的地方右击，弹出快捷菜单，在其中选择“插入帧”命令即可;也可直接选择帧后按F5键。

② 插入关键帧：在时间轴中将鼠标在需要插入帧的地方右击，弹出快捷菜单，在其中选择“插入关键帧”命令即可;也可直接选择帧后按F6键。

③ 插入空白关键帧：在时间轴中将鼠标在需要插入帧的地方右击，弹出快捷菜单，在其中选择“插入空白关键帧”命令即可，也可直接选择帧后按F7键。

（3）转换帧。可以将普通帧转换为关键帧或空白关键帧。方法如下：选中要转换的帧，单击鼠标右键，在弹出的快捷菜单中选择“转换为关键帧”或“转换为空白关键帧”命令即可。

（4）复制/粘贴帧。可将选中的帧及对应的内容进行复制和粘贴。其具体操作步骤是：在时间轴上选择要复制的帧，右击并在弹出的快捷菜单中选择“复制帧”命令：再右击需要粘贴帧的目标位置，在弹出的快捷菜单中选择“粘贴帧”命令。

（5）移动帧。选择需要移动的帧，按住鼠标左键拖动到需要的目标位置即可。或选中需要移动的帧，在帧的快捷菜单中选择“剪切帧”命令，然后在目标位置执行帧的快捷菜单中的“粘贴帧”命令。

（6）删除帧。在制作动画的过程中，不需要的帧要删除。删除帧的具体操作方法是：选中要删除的帧，右击并在弹出的快捷菜单中选择“删除帧”命令。

（7）清除帧/清除关键帧。清除帧命令，可以将当前选择的帧中的内容全部清除，同时，该帧转换为空白关键帧。方法如下：选择要清除的帧，右击并在弹出的快捷菜单中选择“清除帧”命令;清除关键帧命令，可以将当前选择的关键帧清除，使之成为普通帧。方法如下：选择要清除的关键帧，右击并在弹出的快捷菜单中选择“清除关键帧”命令。

（8）翻转帧。选中时间轴上的一系列帧，注意这一系列帧的开头和结尾必须是关键帧，右击，在弹出的快捷菜单中选择“翻转帧”命令。翻转帧后，选中的一系列帧将逆序排列，从而实现倒放的动画效果。

5.1.2.4 逐帧动画

逐帧动画也称为帧动画，它必须创建每一帧中的图像。逐帧动画是最基本、最传统的动画形式，其原理就是通过分解动画动作，然后在每一关键帧上设计动画内容，通过这些关键帧的连续变化形成动画效果。逐帧动画更适合制作每一帧中的图像都在改变而不是仅仅简单地在舞台中移动或变形的复杂动画。

逐帧动画需要保存每个关键帧的内容，因此，逐帧动画比其他类型动画文件大得多。利用逐帧动画可以较细致地做出任意动画效果，但每个帧中的内容要逐个编辑，缺点是耗时耗力；优点是变化复杂，可以制作出任何效果。

5.1.3 任务实现——打字效果与跑步效果的制作

任务一 打字效果

（1）任务知识分析。使用“文本”“分离”“翻转帧”和创建“关键帧”命令，制作打字动画效果，制作完成效果见“打字动画.swf”文件（图5−2）。

（2）任务操作。

1）创建文件。选择“文件→新建”命令，在弹出的“新建文档”对话框中选择"Actin Script 3.0选项，将“宽”选项设为800，“高”选项设为500，单击“确定”按钮，完成文档的创建。

2）导入背景。

① 选择“文件→导入→导入到库”命令，在弹出的“导入”对话框当中选择“素材→制作打字效果→价值观.jpg”文件，单击“打开”按钮，文件被导入到“库”面板中（图5−3）。

② 将“图层1”命名为“背景”，把“库”面板中的位图“价值观”拖曳到舞台窗口中，并调整其位置至舞台中心，在“背景”图层的第130帧，按F5键，插入帧（图5−3）。

3）创建文字。在“时间轴”面板中创建新图层，并将其命名为“文字”。选择“文本”工具T，在文本工具“属性”面板中进行设置，在舞台窗口中适当的位置输入大小为35，字体为“华文隶书”的蓝色文字，行距为67，如图5−4所示；调整文字位置，效果如图5−5所示。

4）分离文字。选择文字，按“Ctrl+B”，分离文字（图5−6）。

图5−2 价值观效果

图5−3 文件导入“库”面板

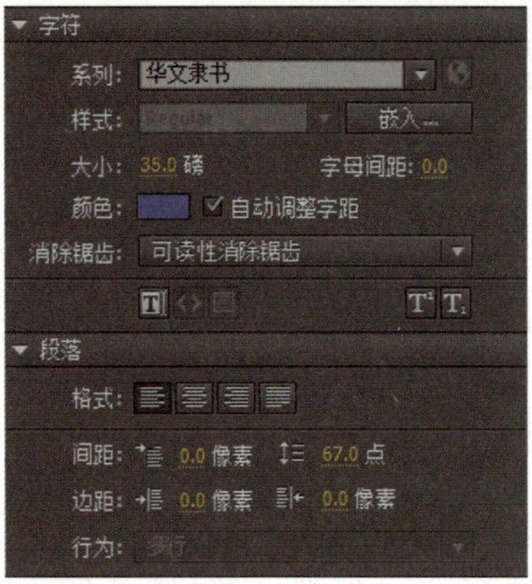

图5-4　字符面板

图5-5　文字效果

图5-6　文字分离

图5-7　删除“友善”文字

5）制作文字关键帧动画。

① 选中“文字”图层的第10帧，按F6键，插入关键帧，删除“友善”二字，效果如图5-7所示。

② 用相同的方法，每间隔10帧插入一个关键帧，删除两个字（按照社会主义核心价值观的顺序），直到第120帧删除完所有的字（图5-8）。

图5-8　文字删除

6）调整动画播放顺序。

① 单击“文字”图层，选择所有帧，在时间轴帧上点击鼠标右键，在弹出的快捷菜单中选择“翻转帧”命令，对所有帧进行翻转（图5-9）。

② 打字效果制作完成，按Ctrl+Enter组合键即可查看效果（图5-10）。

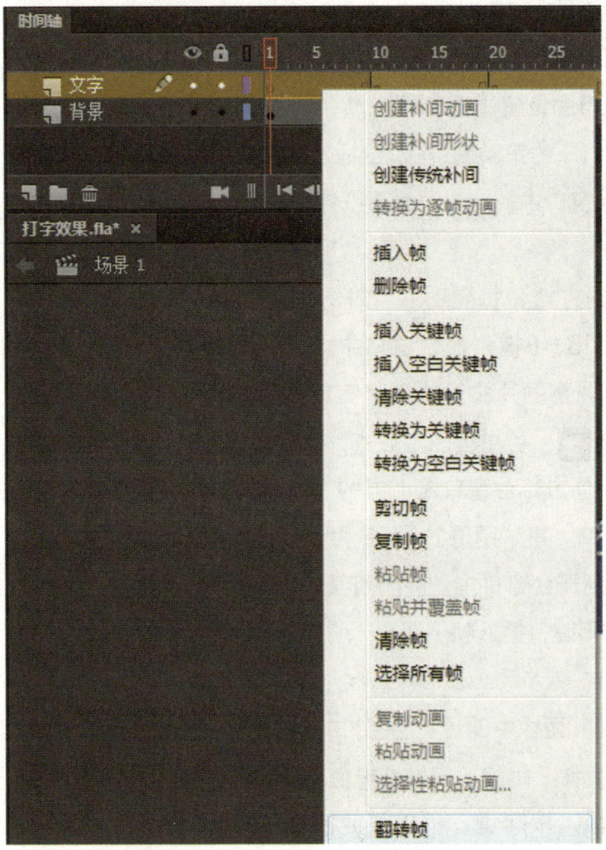

图5-9 翻转帧菜单

至此“打字效果”动画制作完成，可以通过Ctrl+Enter进行测试效果。

任务二 制作人物跑步动画

（1）任务知识分析。运用逐帧动画原理，在连续的时间轴上插入关键帧，在连续的关键帧上分别插入连续的任务跑步动作，从而形成人物跑步的动画，移动任务跑步的起始位置，使用创建形状补间命令，使人物形成有位移的跑步动画。完成效果见“跑步动画.swf”文件（图5-11）。

（2）任务操作。

① 文档创建。选择“文件→新建”命令，在弹出的“新建文档”对话框中选择"Actin Script 3.0选项，将“宽”选项设为1030像素，“高”选项设为387像素，单击“确定”按钮，完成文档的创建。

图5-10 文字效果

图5-11 人物跑步动画效果

②导入素材。选择“文件→导入→导入到库”命令，在弹出的“导入”对话框当中选择“素材→制作人物跑步动画→01至06和跑道”位图文件，单击“打开”按钮，文件导入到“库”面板中。

③创建元件制作跑步动画。

a. 按“Ctrl+F8”新建元件，弹出“创建新元件”对话框，在“名称”选项的文本框中输入“跑步”。在“类型”选项的下拉列表中选择“影片剪辑”选项，单击“确定”按钮，舞台窗口也随之转换为影片剪辑元件的舞台窗口（图5-12）。

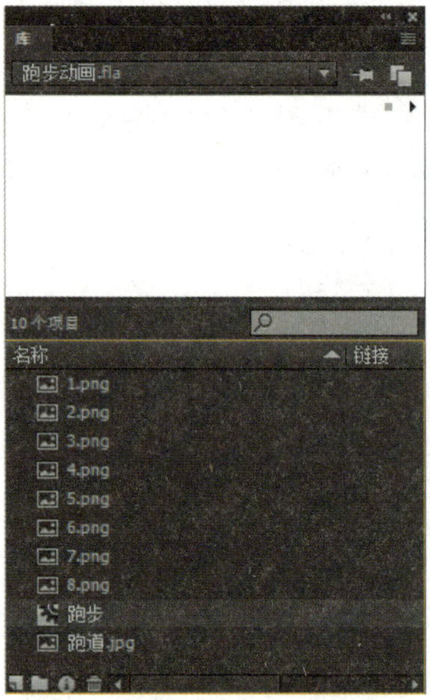

图5-12 “库”面板

b. 选中“图层1”的第1帧，将“库”面板中的位图1拖到舞台窗口中，并放置在适当的位置（图5-13）。

c. 选中“图层1”的第3帧，按F7键插入空白关键帧。将“库”面板中的位图2拖到舞台窗口中，点击“绘图纸外观”工具，调整图片位置（图5-14）。

d. 使用同样的方法，每隔2帧，按F7键插入空白关键帧，分别将“库”面板中的位图3～8拖到舞台窗口中，选择第16帧，按F5键，插入帧（图5-15）；调整图片位置，调整完成效果如图5-16所示，点击“绘图纸外观”工具，关闭绘图纸外观。

④制作跑道。单击舞台窗口左上方的“场景1”图标，进入“场景1”的舞台窗口。将“图层1”命名为“背景”，把“库”面板中的位图“跑道”拖曳到舞台窗口中，并调整其位置在舞台中心，在“背景”图层的第90帧，按F5键，插入帧（图5-17）。

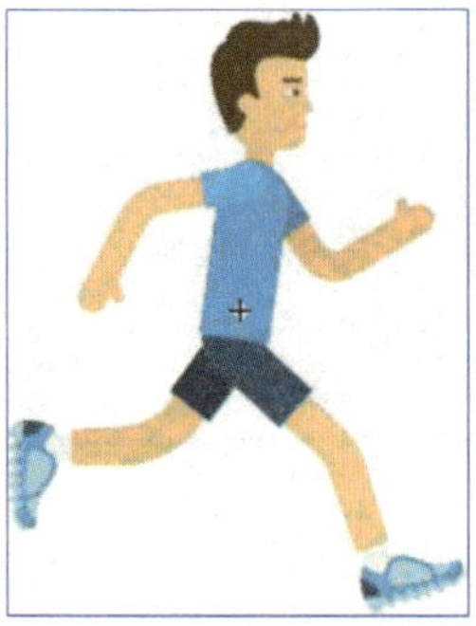
图5-13 位图1人物

⑤制作从左到右跑步动画。

a. 在“时间轴”面板中创建新图层，并将其命名为“人”，将“库”面板中的影片剪辑元件“跑步”拖曳到舞台窗口的左外侧（图5-18）。

b. 选中第90帧，按F6键，插入关键帧。在舞台窗口中将“跑步”实例水平向右拖曳到适当的位置（图5-19）。用鼠标右键单击“图层1”的第1帧，在弹出的快捷菜单中选择“创建传统补间”命令，生成传统补间动画。

图5-14 位图2人物

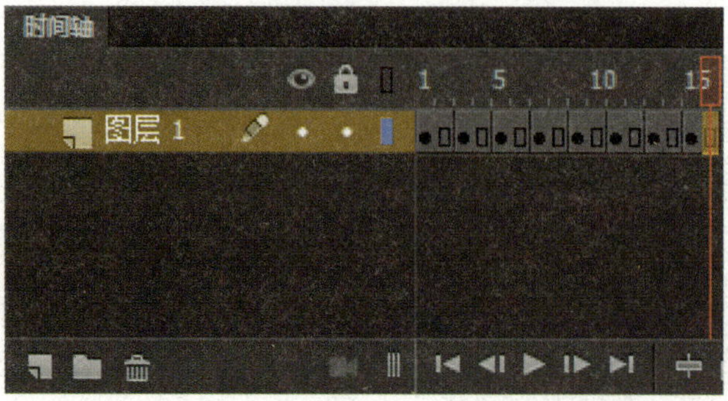

图5-15 位图3人物

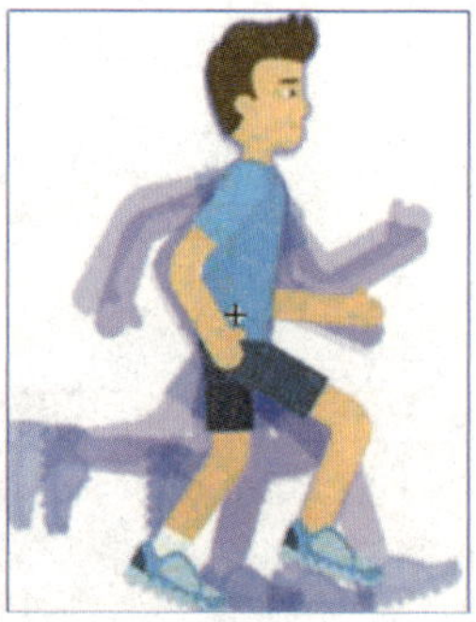
图5-16 人物效果

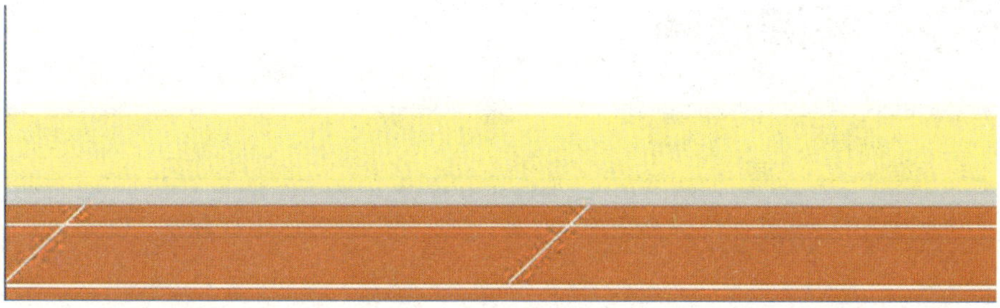

图5-17　跑道效果

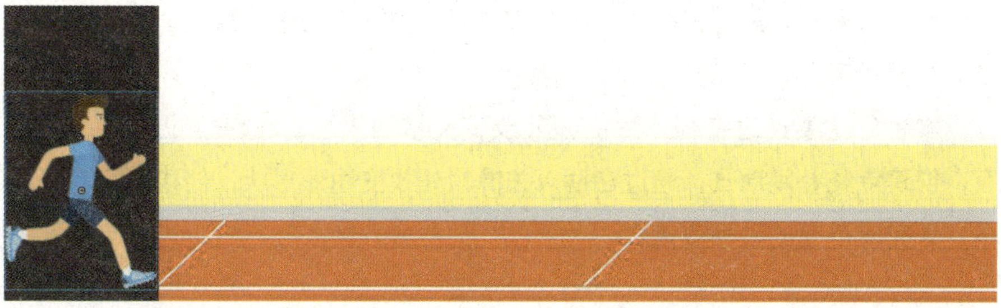

图5-18　人物起跑

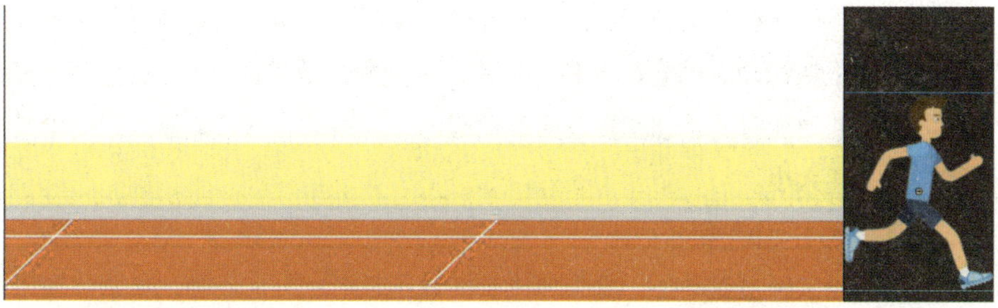

图5-19　人物跑步

图5-20　跑步动画效果

c．跑步动画制作完成，按Ctrl+Enter组合键即可观看效果（图5-20）。

至此，“人物跑步”动画制作完成，可以进行测试效果。

5.2 补间动画

5.2.1 任务引入

补间动画是动画的特色所在，补间动画是指一个对象在两个关键帧上分别定义了不同的属性，如对象的大小、颜色、旋转度及位置变化等，然后在两个关键帧之间建立一种运动补间关系。补间动画中的动画渐变过程很连贯，制作过程也比较简单，只需在同一图层的首、尾帧中建立动画的第一个画面和最后一个画面即可。

本项目主要通过在插入关键帧处改变文字的大小、颜色、位置、不透明度，创建传统补间动画，通过在插入关键帧处改变图形形状，创建形状补间动画，来完成不同的动画效果。

5.2.2 知识引入

5.2.2.1 补间动画的原理

补间动画是指在一个补间动画中只需创建动画起始帧和结束帧，制作补间动画的关键是绘制动画的起始帧和结束帧，中间帧的效果由Animate自动计算得出。它是创建随时间移动和更改形状动画的一种有效方法，能最大限度地减小生成的文件大小。

5.2.2.2 补间动画的类型

补间动画又叫过渡动画，分为传统补间动画及形状补间动画，指物体通过位置移动、旋转、缩放等一系列的变换过程形成的动画。该动画可真实记录下物体的各种变换状态。

（1）动作补间动画。在补间动画中的一个时间点定义一个实例、组或文本块的位置，大小和旋转值等属性，然后在另一个时间点改变这些属性值。动作补间动画中间的补间帧是一个浅蓝色背景的黑色箭头。

制作动作补间动画的基本步骤是：在起始关键帧中设置一个元件，在结束关键帧中改变该元件的大小、颜色、位置、透明度等属性，最后在起始帧或两帧之间的任意一帧右击，在弹出的菜单中选择“创建补间动画”命令，或者在“属性”面板上的“补间”下拉列表框中选择“动画”选项。

（2）形状补间动画。在补间动画中的一个时间点绘制一个形状，然后在另一个时间点更改该形状或绘制另一个形状，系统会在二者之间更改形状来创建动画，形状补间动画必须是打散的图形，中间的补间帧是一个有浅绿色背景的黑色箭头。

制作形状补间动画的基本步骤是：首先在起始关键帧中绘制图形，然后在结束关键帧中绘制另一个图形，或者改变原图形的形状、颜色、大小等属性，接着，返回到起始帧或两帧之间的任意一帧，在“属性”面板上的“补间”下拉列表框中选择“形状”选项。

（3）添加形状提示动画。形状提示点原理是当用形状补间动画制作一些较为复杂的变形动画时，常常会使画面变得混乱，根本达不到用户想要的变化过程，这时就需要使用形状提示点进行控制。

添加形状提示点的基本步骤是：单击形状补间动画的开始帧，执行“修改→形状→添加形状提示”菜单命令。这样在形状上就会增加一个带字母的红色圆圈，相应地在结束帧的形状上也会增加形状提示符（图5-21）。

分别将这两个形状提示符安放到适当的位置时，起始关键帧上的形状提示点为黄色，结束关键帧的形状提示点为绿色（图5-22）。

图5-21 调节前

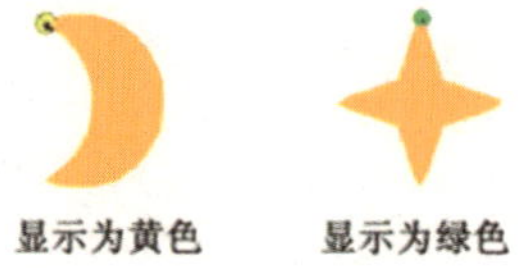

图5-22 调节后

5.2.3 任务实现——风吹字动画效果

5.2.3.1 任务知识分析

使用“分散到图层”命令将文字分散到不同的图层，使用“分离”命令将文字打散，通过改变文字的大小、颜色、位置、不透明度，完成风吹字动画效果（图5-23）。

5.2.3.2 任务操作

（1）文档创建。选择“文件→新建”命令，在弹出的“新建文档”对话框中选择“Action Script 3.0”选项，单击“确定”按钮，完成文档的创建。

（2）创建文字动画元件。按Ctrl+F8组合键，弹出“创建新元件”对话框，在“名称”选项的文本框中输入“文字动画”，在“类型”选项下拉列表中选择“影片剪辑”选项，单击“确定”按钮，新建影片剪辑元件“文字动画”（图5-24），舞台窗口也随之转换为影片剪辑元件的舞台窗口。

图5-23 风吹字效果

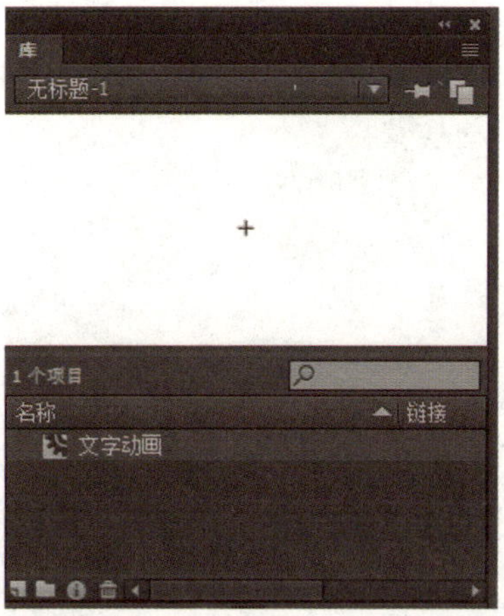

图5-24 “库”面板

（3）导入素材。将“图层1”重命名为“树枝”，选择“文件→导入→导入到库”命令，在弹出的“导入”对话框中选择“素材→制作风吹字效果→01”文件，单击“打开”按钮，文件被导入到库窗口中（图5-25）。

（4）制作树叶和树干图层。

① 将“库”面板中的位图“01”拖曳到舞台窗口中，选中位图“01”，在菜单栏选择“修改→位图→转换位图为矢量图”命令，将位图转换为矢量图（图5-26）。

② 点击位图“01”的白色部分，按“Delete”删除白色背景，这样我们就得到了一张绘制的矢量图树（图5-27）。

③ 在“时间轴”面板中创建图层，命名为“树叶”，在舞台窗口中选择一个树叶，按“Shift”键的同时，点击其他三个树叶，再按Ctrl+X组合键，剪切树叶，选择“树叶”图层，按Ctrl+Shift+V组合键，将树叶粘贴在“树叶”图层的当前位置（图5-28、图5-29）。

④ 在“时间轴”面板中选中“树叶”图层；在“树枝”图层的第90帧，按F5键，插入普通帧。

图5-25 导入01素材

图5-26 矢量图

图5-27 删除白色

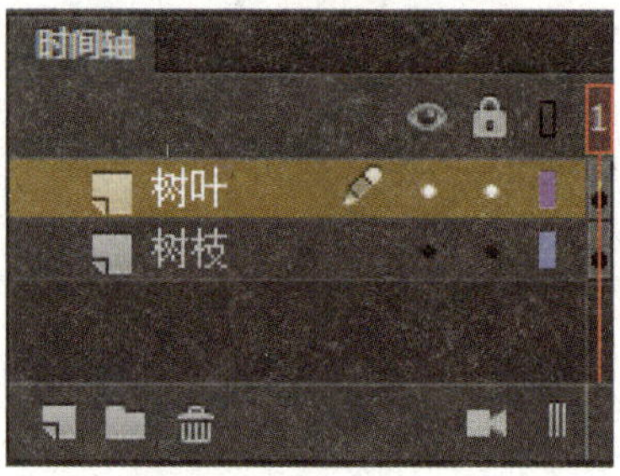

图5-28 图层复制

图5-29　树叶复制

图5-30　“文字动画”实例

⑤ 单击舞台窗口左上方的“场景1”图标 场景 1，进入“场景1”的舞台窗口，将“库”面板中的“文字动画”影片剪辑拖曳到舞台窗口中（图5-30）。

（5）创建文字。双击舞台中的“树”回到“文字动画”影片剪辑元件中，在“时间轴”面板中创建新图层，选择“文本”工具 T，在文本工具“属性”面板中进行设置，在舞台窗口中适当的位置输入大小为40、字体为“方正兰亭粗黑简体”的深绿色文字，文字效果如图5-31所示。选择“选择”工具，在舞台窗口中选中文字，按Ctrl+B组合键将其打散（图5-32）。

（6）制作文字动画。

① 在菜单栏选择“修改→时间轴→分散到图层”将“秋天来了”四个字分别分散到四个单独图层（图5-33）；选中“图层2”，单击“删除”按钮，将图层2删除。

② 在舞台窗口中选中文字“秋”，按F8键，弹出“转换为元件”对话框，

图5-31　文字

图5-32　文字打散

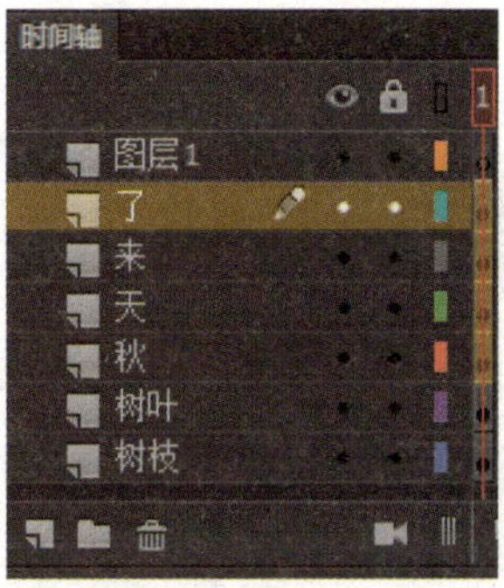

图5-33　文字图层

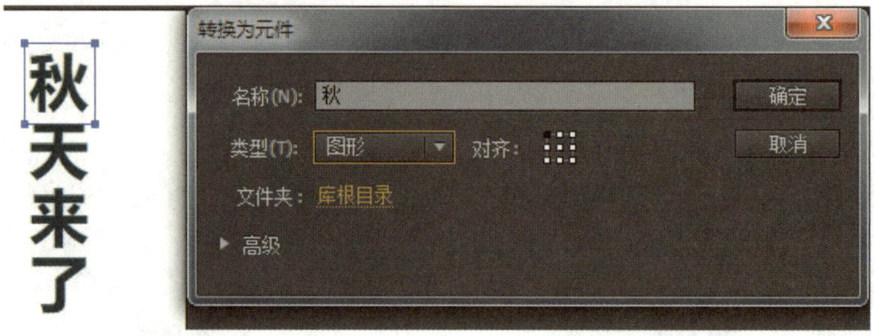

图5-34　文字元件转换

在“名称”选项的文本框中输入“秋”，在“类型”选项下拉列表中选择“图形”单击“确定”按钮，文字变为图形元件（图5-34）。

③ 用相同的方法分别将文字“天”“来”“了”转换为“天”图形元件；“来”图形元件；“了”图形元件（图5-35）。

④ 在“时间轴”面板中选中“秋”图层的第15帧，按F6键，插入关键帧、选择第1帧，移动“秋”字的位置（图5-36）。

⑤ 选择“任意变形”工具，把“秋”字水平翻转（图5-37）；在“秋”字的“属性面板→色彩效果→样式→不透明度”设置为“0”（图5-38）。

⑥ 选中“秋”图层的第1帧，单击鼠标右键，在弹出的菜单中选择“创建传统补间”；在第60帧，第70帧，分别按F6键，插入关键帧；选择第70帧，点击舞台窗口中的文字“秋”，在“属性→色彩效果→样式→色调”设置为“橘黄色”（图5-39）；选中“秋”图层的第60帧，单击鼠标右键，在弹出的菜单中选择“创建传统补间”。

⑦ 把“天”图层的第1帧，移至第10帧；选择第25帧，按F6键，插入关键帧；选择第10帧，移动舞台窗口中“秋”字的位置（图5-40）。

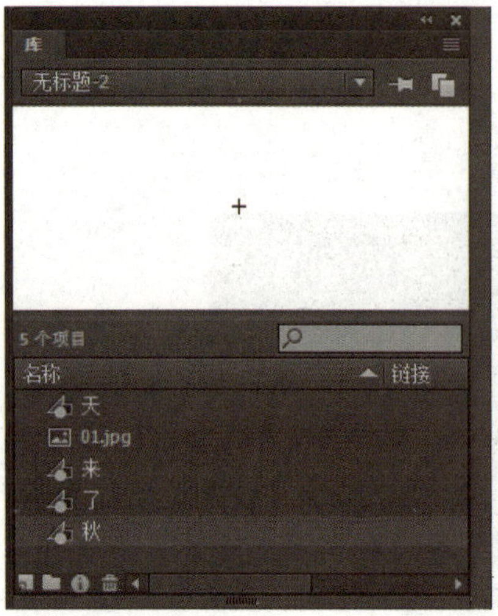

图5-35　文字元件

图5-36　“秋”字的位置

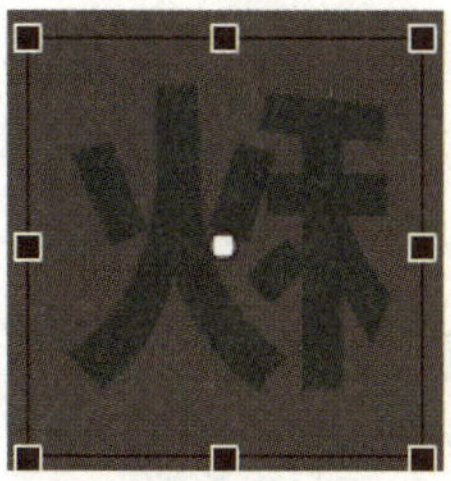

图5-37 “秋”字水平翻转

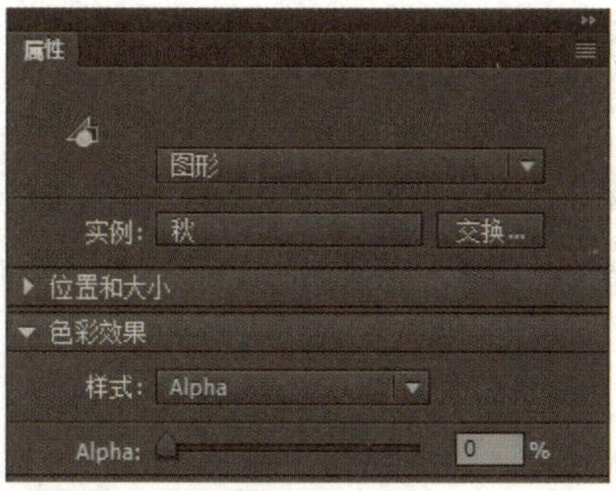

图5-38 “秋”字属性设置

图5-39 橘黄色

图5-40 “天”字位置

图5-41 “来”字位置

⑧ 选择“任意变形”工具，把“天”字水平翻转；在“天”字“属性面板→色彩效果→样式→不透明度”设置为“0”。

⑨ 选中“天”图层的第10帧，单击鼠标右键，在弹出的菜单中选择“创建传统补间”；在第60帧，第70帧，分别按F6键，插入关键帧；选择第70帧，点击舞台窗口中的文字“天”，在“属性→色彩效果→样式→色调”设置为“橘黄色”；选中“秋”图层的第60帧，单击鼠标右键，在弹出的菜单中选择“创建传统补间”。

⑩ 把“来”图层的第1帧，移至第20帧；选择第35帧，按F6键，插入关键帧；选择第20帧，移动舞台窗口中“来”字的位置（图5-41）。

⑪ 选择“任意变形”工具，把“来”字水平翻转；在“来”字“属性面板→色彩效果→样式→不透明度”设置为“0”。

⑫ 选中“来”图层的第20帧，单击鼠标右键，在弹出的菜单中选择“创建传统补间”；在第60帧，第70帧分别按F6键，插入关键帧；选择第70帧，点击舞台窗口中的文字“来”，在“属性→色彩效果→样式→色调”设置为“橘

图5-42 “了”字位置

图5-43 树干颜色

图5-44 树叶颜色

黄色”；选中“来”图层的第60帧，单击鼠标右键，在弹出的菜单中选择“创建传统补间”。

⑬ 把“了”图层的第1帧，移至第30帧；选择第45帧，按F6键，插入关键帧；选择第30帧，移动舞台窗口中“来”字的位置（图5-42）。

⑭ 选择“任意变形”工具，把“了”字水平翻转；在“了”字“属性面板→色彩效果→样式→不透明度”设置为“0”。

⑮ 选中“了”图层的第30帧，单击鼠标右键，在弹出的菜单中选择“创建传统补间”；在第60帧，第70帧分别按F6键，插入关键帧；选择第70帧，点击舞台窗口中的文字“了”字，在“属性→色彩效果→样式→色调”设置为“橘黄色”；选中“来”图层的第60帧，单击鼠标右键，在弹出的菜单中选择“创建传统补间”。

（7）制作树干树叶颜色动画。

① 选中“树枝”图层，在第60帧，第70帧分别按F6键，插入关键帧；选择第70帧，点击舞台窗口中的树枝，在“属性→色彩效果→样式→色调”设置为“棕色”（图5-43）；选中“树枝”图层的第60帧，单击鼠标右键，在弹出的菜单中选择“创建传统补间”。

② 选中“树叶”图层，在第60帧，第70帧分别按F6键，插入关键帧；选择第70帧，点击舞台窗口中的树叶，在“属性→色彩效果→样式→色调”设置为“土黄色”（图5-44）；选中“树叶”图层的第60帧，单击鼠标右键，在弹出的菜单中选择“创建传统补间”。

至此，风吹字动画制作完成，按Ctrl+Enter观看动画效果。

5.3　补间动画的设计——叶子生长动画

5.3.1.1　任务知识分析

本任务通过形状补间动画制作叶子生长动画，首先将叶子、枝干、花盆放在不同的图层，在起始帧分别调整叶子的形状，创建形状补间，产生叶子生长动画，将不同叶子的生长动画在时间轴上错开，就产生不同时间段叶子生长的动画，制作完成叶子生长动画效果，如图5-45所示。

5.3.1.2　任务操作

（1）打开文档。打开对应项目资源包中的“素材→制作叶子生长动画效果→叶子生长素材.fla”文件，场景效果如图5-46所示，图层如图5-47所示。

（2）延长所有图层的帧。选择所有图层的第90帧，按F5键，插入帧（图5-48）。

（3）制作叶子1动画。

① 选择“叶子1”图层，在第10帧，第20帧处按F6键，插入关键帧；利用“选择”工具和“部分选取”工具调整第10帧处“叶子”的形状（图5-49）。

图5-45　完成叶片制作

图5-46　场景素材

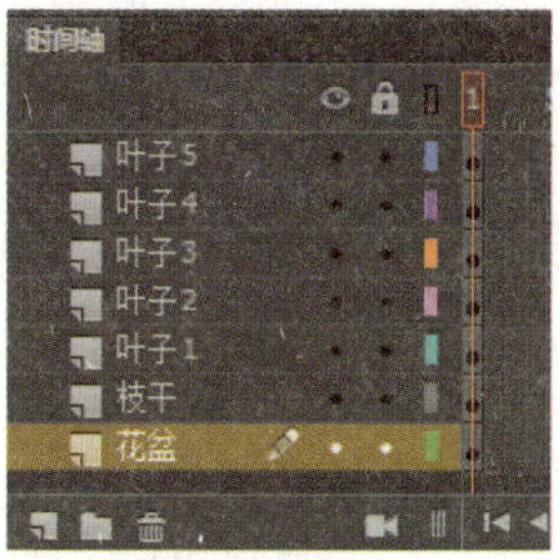

图5-47　图层效果

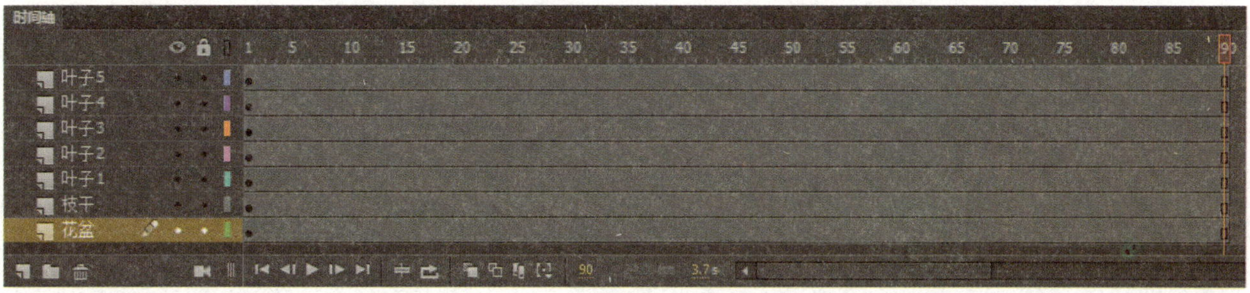

图5-48　插入帧后的时间轴

图5-49 第10帧“叶子”形状

图5-50 第1帧“叶子”形状

图5-51 叶片制作

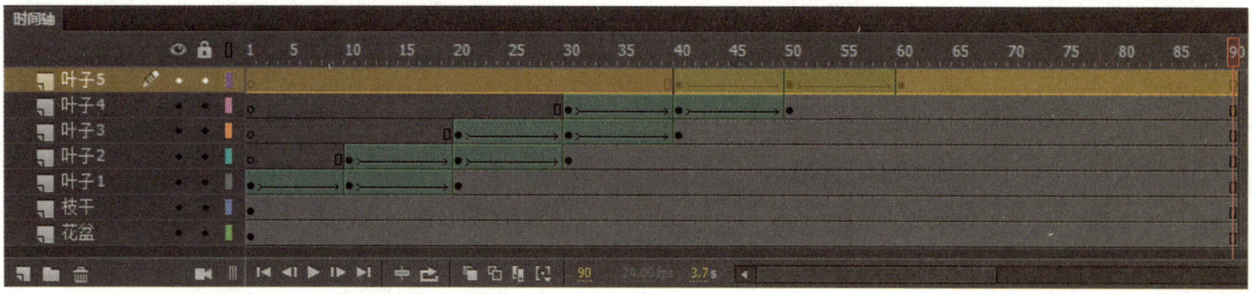

图5-52 “时间轴”效果

②选择“叶子1”图层的第1帧，调整“叶子”的形状（图5-50）。

③在第1帧至第10帧之间，第10帧至第20帧之间，分别单击鼠标右键，在弹出的菜单中选择“创建补间形状”，如此，一片叶子的生长过程就制作完成了。

（4）按照同样方法制作其他叶子动画。使用同样的方法在“叶子2”“叶子3”“叶子4”“叶子5”图层上，分别制作其他4片叶子的生长，完成叶片的生长动画，场景效果如图5-51所示，“时间轴”效果如图5-52所示，按Ctrl+Enter组合键即可观看效果。

至以“叶子生长”动画制作完成，动画中细节元素可以进行适当调整，达到较好的效果。

课后练习

制作三棱锥连续旋转

使用“矩形”工具、“任意变形”工具和“创建补间形状”命令，以及形状提示命令，完成三棱锥连续旋转的制作，如图5-53所示。

图5-53 三棱锥连续旋转

项目6

引导动画和遮罩动画的制作

素材　　PPT课件

学习目标

1. 掌握引导层和运动引导层动画的概念、组成、创建以及常用技巧。
2. 熟悉运用“传统补间动画”属性面板设置补间动画效果。
3. 掌握遮罩层和遮罩动画的制作方法。

6.1　引导动画

6.1.1　任务引入

在Animate动画中往往会使用多个图层，每个图层分别控制不同的动画效果。要创建好的Animate动画作品，就要为一个动画创建多个图层，以便在不同的图层制作不同效果的动画，通过多个图层的组合形成复杂的动画效果。

本任务主要运用引导层和运动引导层动画的制作方法完成飘落花瓣动画效果制作和环形运动的小车动画制作。

6.1.2　知识引入

6.1.2.1　引导层动画的定义

引导层动画又称路径动画：就是在引导层中绘制路径，可以使移动渐变动画中的对象沿着指定的路径运动的动画。

6.1.2.2　引导层动画

（1）引导线的作用：使引导对象按规定的路径运动。

（2）引导线的绘制：利用铅笔工具、直线工具、钢笔工具等。

（3）引导线的特点：a. 必须是连续的线段；b. 必须有起点和终点，其起点和终点不能重合；c. 最终生成动画时引导线是不可见的。

6.1.2.3　引导层的创建方法

（1）引导层和被引导层。一个最基本的“引导路径动画”由两个图层组成，上面一层是“引导层”；下面一层是“被引导层”，图标同普通图层一样。在普通图层上点击时间轴面板的“添加引导层”按钮，该层的上面就会添加一个引导层，同时该普通层缩进成为“被引导层”(图6-1)。

(2)引导层和被引导层中的对象。引导层是用来指示元件运行路径的，所以“引导层”中的内容可以是用钢笔、铅笔、线条、椭圆工具、矩形工具或画笔工具等绘制出的线段。而“被引导层”中的对象是跟着引导线走的，可以使用影片剪辑、图形元件、按钮、文字等，但不能应用形状。由于引导线是一种运动轨迹，不难想象，“被引导”层中最常用的动画形式是动作补间动画，当播放动画时，一个或数个元件将沿着运动路径移动。

(3)向被引导层中添加元件。“引导动画”最基本的操作就是使一个运动动画“附着”在“引导线”上。所以操作时特别要注意“引导线”的两端，被引导的对象起始、终点的两个“中心点”一定要对准“引导线”的两个端头。

6.1.2.4 应用引导路径动画的技巧

(1)“被引导层”中的对象在被引导运动时，还可作更细致的设置，比如运动方向，在“属性”面板上的“路径调整”前打勾，对象的基线就会调整到运动路径。而如果在“对齐”前打勾，元件的注册点就会与运动路径对齐。

(2)引导层中的内容在播放时是看不见的，利用这一特点，可以单独定义一个不含“被引导层”的“引导层”，该引导层中可以放置一些文字说明、元件位置参考等，此时，引导层的图标为。

(3)在做引导路径动画时，按下工具栏上的“对齐对象”功能按钮，可以使“对象附着于引导线”的操作更容易成功。

(4)过于陡峭的引导线可能使引导动画失败，而平滑圆润的线段有利于引导动画成功制作。

(5)被引导对象的中心对齐场景中的十字星，也有助于引导动画成功。

(6)向被引导层中放入元件时，在动画开始和结束的关键帧上，一定要让元件的注册点对准线段的开始和结束的端点，否则无法引导，如果元件为不规则形，可以按下工具栏上的任意变形工具，调整注册点。

(7)如果想解除引导，可以把被引导层拖离“引导层”，或在图层区的引导层上单击右键，在弹出的菜单上选择“属性”，在对话框中选择“正常”作为图层类型。

(8)如果想让对象作圆周运动，可以在“引导层”画个圆形线条，再用橡皮擦去一小段，使圆形线段出现两个端点，再把对象的起始、终点分别对准端点即可。

(9)引导线允许重叠，比如螺旋状引导线，但在重叠处的线段必须保持圆润，让Animate能辨认出线段走向，否则会使引导失败。

6.1.3 任务实现——飘落花瓣动画

6.1.3.1 任务知识分析

本任务通过为花瓣添加“传统运动引导层”命令，在“引导层”绘制路径，改变花瓣的起始位置，创建传统补间动画，进行飘落花瓣动画效果制作(图6-2)。

6.1.3.2 任务操作

(1)创建文档。选择“文件→新建”命令，在弹出的“新建文档”对话框中选择“AS3.0”选项，

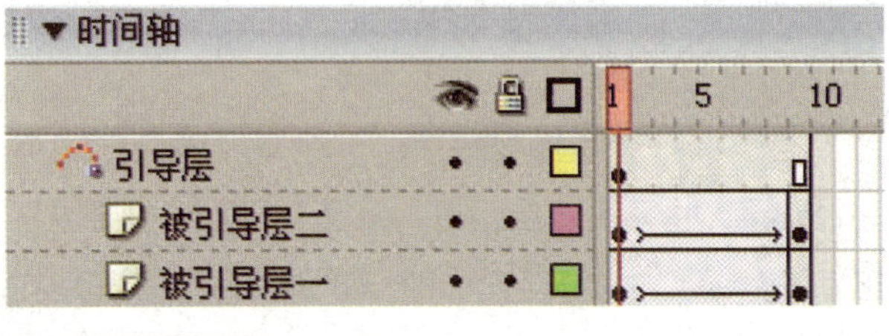

图6-1 引导图层

图6-2 飘落花瓣效果

将“宽”选项设置为1200，“高”选项设置为600，单击确定按钮，完成文档的创建。

（2）导入素材。

① 选择“文件→导入→导入到库”命令，在弹出的“导入到库”对话框中，选择“素材→制作飘落花瓣动画→场景、花瓣”文件，单击“打开”按钮，文件被导入“库”面板中（图6-3）。

② 将图层一命名为“场景”，将“库”面板中的“场景”图片拖曳到舞台窗口中，并放置在与舞台中心重叠的位置，选中“场景”图层的第100帧，按F5键，插入普通帧。

③ 单击“时间轴”面板下方的“新建图层”按钮，创建新图层，并命名为“花瓣”，将“库”面板中的“花瓣”图片拖曳到舞台窗口中（图6-4）。

（3）创建引导层。在“花瓣”图层上单击鼠标右键，在弹出的快捷键菜单中选择添加“传统运动引导层”命令，为其创建引导层，效果如图6-5所示。

（4）绘制路径。选择工具箱中的“铅笔”工具，在引导层上绘制一条线，作为运动引导层的路径，并在“对象绘制”中勾选“平滑”项（图6-6）。

（5）制作花瓣动画。

① 在时间轴窗口中，在“花瓣”层的末帧单击

图6-3　素材引入

图6-4　“花瓣”图层

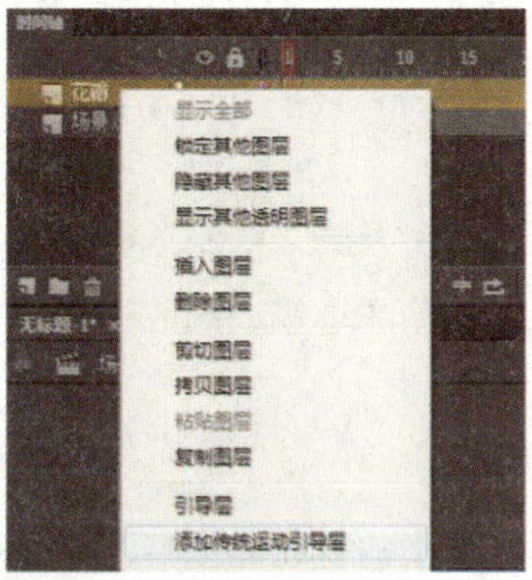

图6-5　传统运动引导层

图6-6　引导层的路径

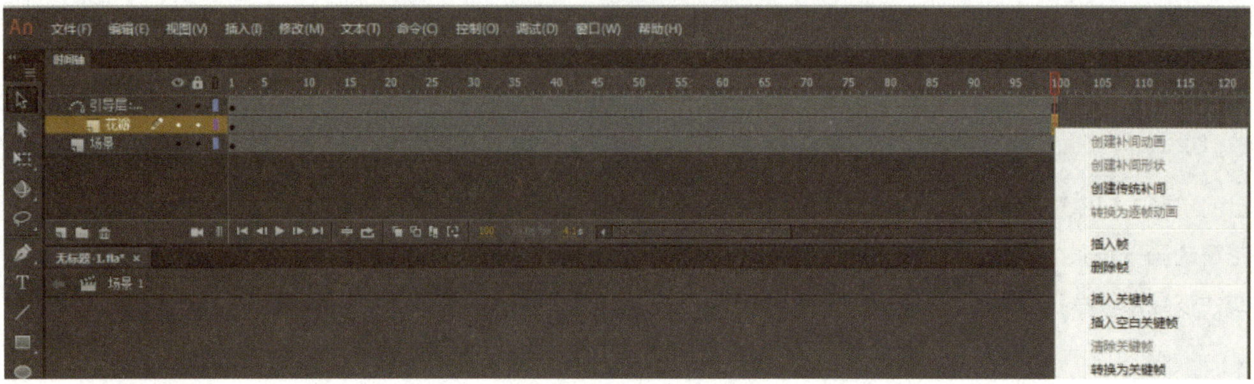

图6-7　关键帧转换

图6-8　引导线中心点对齐

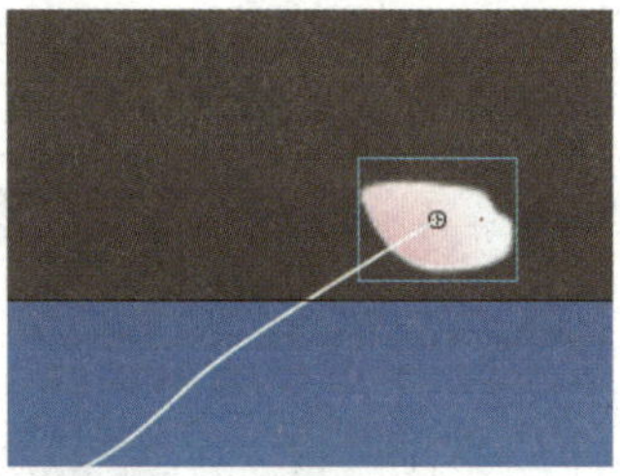
图6-9　末端并对齐

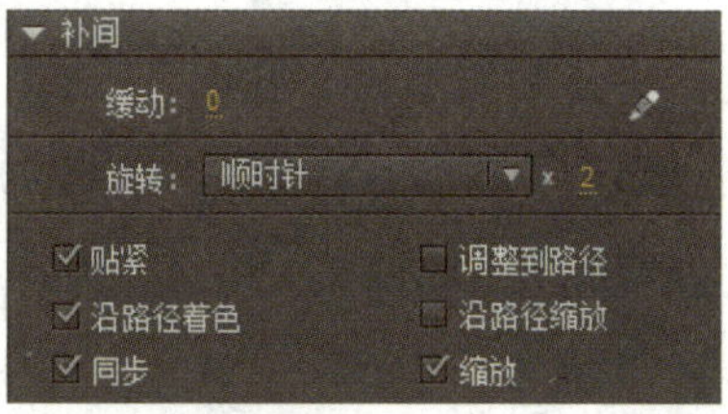

图6-10　实例效果

右键，在弹出的右键菜单中选择“转换为关键帧”（图6-7）。

② 在花瓣层的首帧与末帧中间的任何一帧处单击右键，弹出右键菜单并选择“创建传统补间”，为“花瓣”层创建传统补间动画。

③ 将时间线拖到第一帧处，将花瓣拖到引导线的顶点，并将中心点与引导线对齐（图6-8）。

④ 将时间线拖到最后一帧，将花瓣移到引导线末端，并对齐（图6-9）。

（6）调整花瓣运动路径。选择花瓣图层，在属性面板上设置补间旋转为顺时针×2，并勾选“调整到路径”，其他保持默认，完成本例制作（图6-10）。按Ctrl+Enter观看动画效果。

以“漂亮花瓣动画.FLA”为名保存到文件夹中，按Ctrl+Enter进行测试。

6.1.4　任务实现——环形运动的小车动画

6.1.4.1　任务知识分析

通过为小车添加“传统运动引导层”命令，在“引导层”绘制路径，改变小车的起始位置，创建传统补间动画，进行环形运动的小车动画效果制作（图6-11）。

6.1.4.2　任务操作

（1）创建文档。选择“文件→新建”命令，在弹出的“新建文档”对话框中选择“AS3.0”选项，将“宽”选项设置为640，“高”选项设置为480，

图6-11　小车动画效果

图6-12　素材导入

图6-13　“跑道”置入

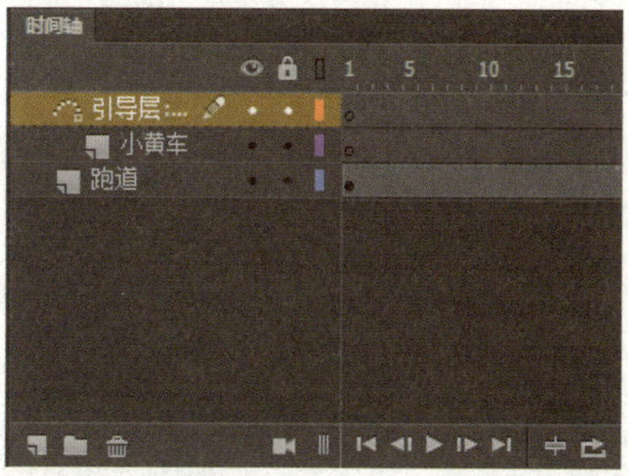

图6-14　引导层

单击确定按钮，完成文档的创建。

（2）导入素材。

①选择“文件→导入→导入到库”命令，在弹出的“导入到库”对话框中，选择“素材→制作环形运动的小车→小车、跑道、红绿灯”文件，单击“打开”按钮，文件被导入到“库”面板中（图6-12）。

②将“图层一”命名为“跑道”。将“库”面板中的“跑道”图片拖曳到舞台窗口中，并放置在与舞台中心重叠的位置（图6-13）。选中“跑道”图层的第80帧，按F5键，插入普通帧。

（3）创建引导层。单击“时间轴”面板下方的“新建图层”按钮，创建新图层，并命名为“小黄车”。在“小黄车”图层上单击鼠标右键，在弹出的快捷键菜单中选择添加“传统运动引导层”命令（图6-14）。

（4）绘制椭圆路径进行修改。

① 选择“引导层→小黄车”图层的第一帧，选择椭圆工具，在工具箱中将“笔触的颜色”设置为红色，“填充颜色”设置为无，在舞台窗口中绘制一个椭圆，选择任意变形工具，选择刚绘制的椭圆调整大小，并放置在适当的位置（图6-15）。

② 选择橡皮擦工具，在工具箱下方选择擦出线条模式，在适当的位置擦除线条（图6-16）。

（5）制作小车动画。

① 选中“小黄车”图层的第一针，将“库”面板中的图形原件“小黄车”拖曳到舞台窗口中，并放置在椭圆的左方端点上，选择任意变形工具，旋转调整小黄车方向，与引导线方向保持一致（图6-17）。

② 选择“小黄车”图层的第80帧，按F6键插入关键帧，在舞台窗口中将“小黄车”实例拖曳到椭圆的右方端点上，选择任意变形工具，旋转调整小黄车方向，与引导线方向保持一致（图6-18）。

图6-15　小黄车设置

图6-16　擦除线条

图6-17　小黄车调整

图6-18　“小黄车”右方位置

③ 用鼠标右键单击“小黄车”图层的第1帧，在弹出的快捷菜单中选择“创建传统补间”命令，生成传统补间动画（图6-19）。

（6）调整小车运动路径。选择“小黄车”图层第一帧，在右键单击后，“属性→补间”中勾选“调整到沿路径”，使小车运动方向和路径一致（图6-20）。

（7）调整图层制作红绿灯。

① 单击“时间轴”面板下方的“新建图层”按钮，创建新图层命名为“红绿灯”，并将其拖曳到“引导层→黄车”的上方（图6-21）。

② 将“库”面板中的“红绿灯”图片拖曳到舞台窗口中，并放置在适当的位置（图6-22）。

③ 环形运动的小车制作完成，按Ctrl+Enter组合键预览，如图6-23所示。

至以“环形运动的小车动画.FLA”为名保存到文件夹中，按Ctrl+Enter进行测试。

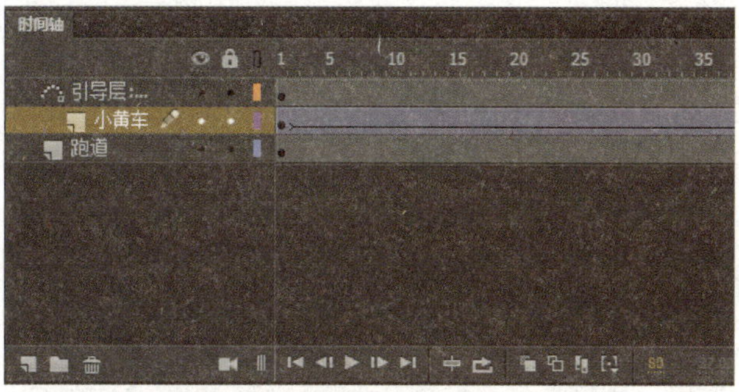

图6-19 “小黄车”补间动画

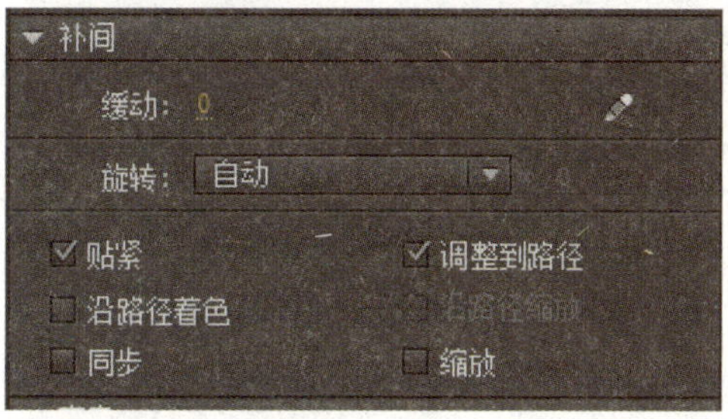

图6-20 补间”属性

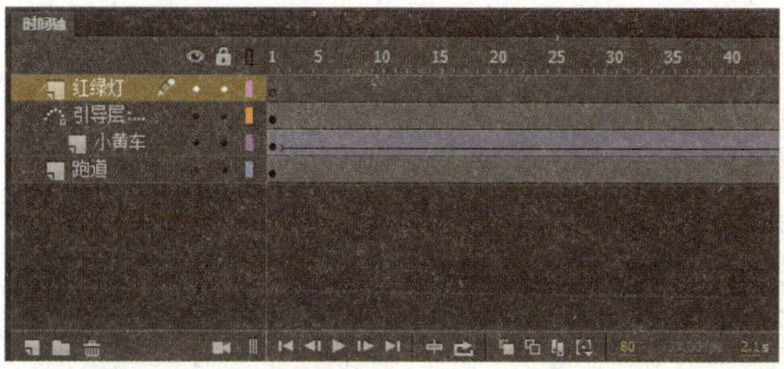

图6-21 “红绿灯”图层设置

图6-22 “红绿灯”图片位置

图6-23 运动小车效果

6.2 遮罩动画

6.2.1 任务引入

在Animate动画中往往会使用多个图层，每个图层分别控制不同的动画效果。要创建好的Animate动画作品，就需要为一个动画创建多个图层，以便在不同的图层制作不同效果的动画，通过多个图层的组合形成复杂的动画效果。

本项目主要运用遮罩层和遮罩动画的制作方法完成彩虹文字动画制作和户外广告动画制作。

6.2.2 知识引入

6.2.2.1 遮罩动画的概念

（1）什么是遮罩。遮罩动画是Animate中的一个很重要的动画类型，很多效果丰富的动画都是通过遮罩动画来完成的。在Animate的图层中有一个遮罩图层类型，为了得到特殊的显示效果，可以在遮罩层上创建一个任意形状的“视窗”，遮罩层下方的对象可以通过该“视窗”显示出来，而“视窗”之外的对象不会显示。

（2）遮罩有什么用。在Animate动画中，“遮罩”主要有两种用途：一是用在整个场景或一个特定区域，使场景外的对象或特定区域外的对象不可见；二是用来遮罩某一元件的一部分，从而实现一些特殊的效果。

6.2.2.2 创建遮罩动画

（1）创建遮罩。在Animate中，没有一个专门的按钮来创建遮罩层，遮罩层其实是由普通图层转化的。你只要在某个图层上单击右键，在弹出菜单中选择“遮罩层”，使命令的左边出现一个小钩，该图层就会生成遮罩层，“层图标”就会从普通层图标变为遮罩层图标，系统会自动把遮罩层下面的一层关联为“被遮罩层”，在缩进的同时图标变为，如果你想关联更多层被遮罩，只要把这些层拖到被遮罩层下面就行了（图6-24）。

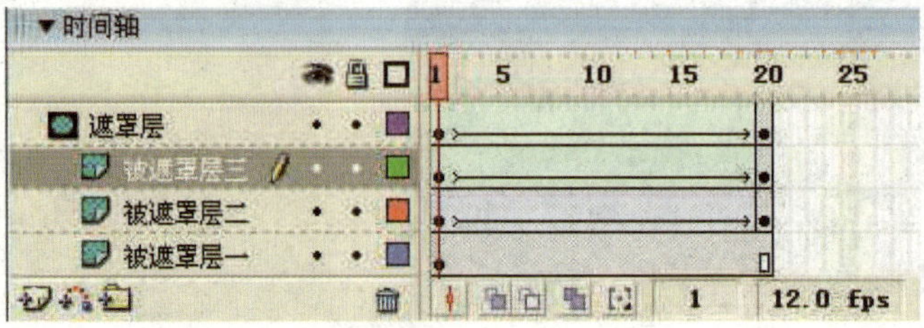

图6-24 遮罩图的创建

（2）构成遮罩和被遮罩层的元素。遮罩层中的图形对象在播放时是看不到的，遮罩层中的内容可以是按钮、影片剪辑、图形、位图、文字等，但不能使用线条，如果一定要用线条，可以将线条转化为“填充”。

被遮罩层中的对象只能透过遮罩层中的对象被看到。在被遮罩层，可以使用按钮，影片剪辑，图形，位图，文字，线条。

（3）遮罩中可以使用的动画形式。可以在遮罩层、被遮罩层中分别或同时使用形状补间动画、动作补间动画、引导线动画等动画手段，从而使遮罩动画变成一个可以施展无限想象力的创作空间。

6.2.2.3　遮罩动画制作技巧

遮罩层的基本原理是：能够透过该图层中的对象看到“被遮罩层”中的对象及其属性（包括它们的变形效果），但遮罩层中的对象中的许多属性如渐变色、透明度、颜色和线条样式等却是被忽略的。比如，我们不能通过遮罩层的渐变色来实现被遮罩层的渐变色变化。

（1）要在场景中显示遮罩效果，可以锁定遮罩层和被遮罩层。

（2）可以用“Actions”动作语句建立遮罩，但这种情况下只能有一个“被遮罩层”，同时，不能设置Alpha属性。

（3）不能用一个遮罩层试图遮蔽另一个遮罩层。

（4）遮罩可以应用在gif动画上。

（5）在制作过程中，遮罩层经常挡住下层的元件，影响视线，无法编辑，可以按下遮罩层时间轴面板的显示图层轮廓按钮■，使之变成□，使遮罩层只显示边框形状，这种情况下，你还可以拖动边框调整遮罩图形的外形和位置。

（6）在被遮罩层中不能放置动态文本。

6.2.3　任务实现——彩虹文字动画

6.2.3.1　任务知识分析

本任务通过为矩形的彩虹图形添加“遮罩”命令，制作遮罩动画效果，遮罩层为打散的文字；被遮罩层为制作了移动动画的矩形的彩虹图形，制作效果如图6-25所示。

图6-25　文字动画效果

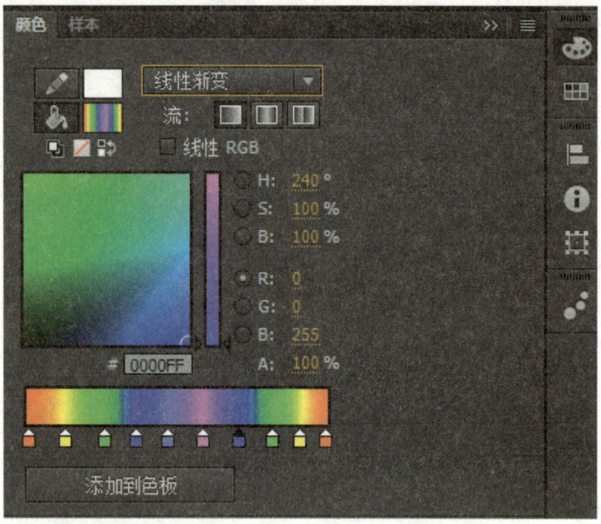

图6-26　颜色类型选择

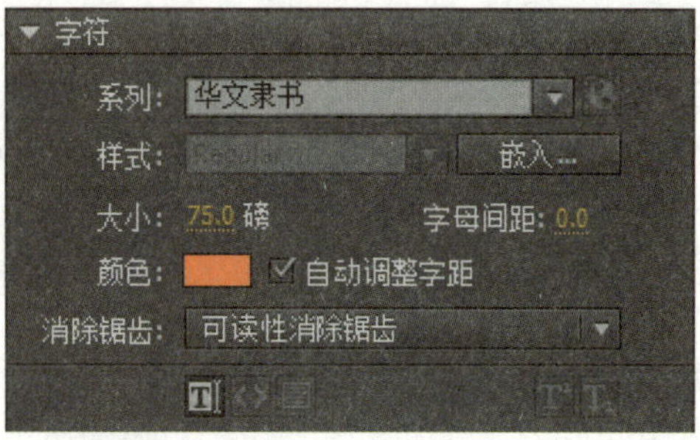

图6-27　字符设置

图6-28　文字起始位置

图6-29　文字目标位置

6.2.3.2　任务操作

（1）创建文档。选择“文件→新建”命令，在弹出的“新建文档”对话框中选择“Action Script 3.0”选项，单击“确定”按钮，完成文档的创建。

（2）绘制矩形彩虹条。

①在“图层1”第1帧上，使用“矩形”工具，绘制矩形，在工具箱中将“笔触颜色”设为无，设置矩形的“宽”为600，“高”为60。

②点击“颜色”面板，颜色类型选择“线性渐变”，设置线性渐变的彩色条，如图6-26所示。

（3）输入文字并打散。

①在“时间轴”面板中创建新图层，命名为“文字”，选择工具栏中的“文本”工具，在舞台窗口单击鼠标左键，在弹出的文本框中输入“彩虹文字”，在文本“属性”面板设置字体颜色为红色，大小为75，字体为“华文隶书”（图6-27）。

②选择文字，按Ctrl+B组合键，将文字打散，再按Ctrl+B组合键，将文字转化为图形。

（4）创建矩形彩虹移动动画。

①选择“图层1”的第1帧，使用“任意变形工具”调整矩形彩虹的大小，然后把矩形彩虹框的右边移到“字”的右边（图6-28）。

②在“图层1”第70帧插入关键帧，“文字”层第70帧插入普通帧，把彩虹框的左边移到“彩”的左边（图6-29）；用鼠标右键单击“图层1”的第一帧，在弹出的快捷菜单中选择“创建补间形状”命令，生成形状补间动画。

（5）彩虹条遮罩的添加。

①选中“文字”层，点击鼠标右键遮罩层，文字就添加遮罩层效果。在“文字”图层上单击鼠标右键，在弹出的快捷菜单中选择“遮罩层”命令。把“文字”图层设置为遮罩层，“图层1”设置为被遮罩（图6-30）。

②彩虹文字动画制作完成，按Ctrl+Enter组合键预览动画效果（图6-25）。

6.2.4 动画综合应用——户外广告牌动画

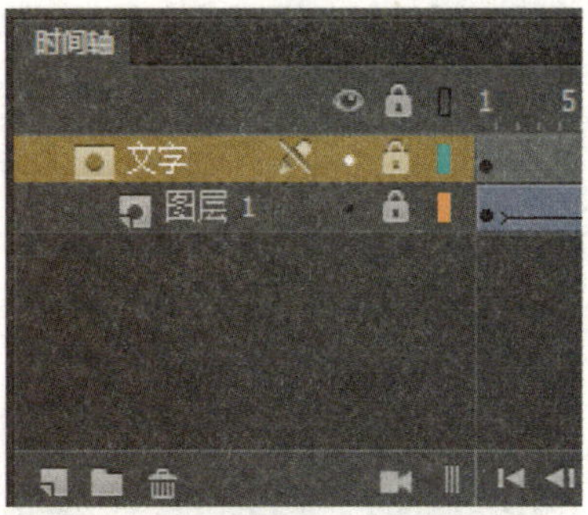

图6-30 彩虹条遮罩

6.2.4.1 任务知识分析

本任务由3组遮罩动画和户外广告牌组成，3组遮罩动画在影片剪辑元件中制作，第一组遮罩动画的遮罩层为矩形从左向右生长出现的形状补间动画，被遮罩层为“低碳”画面；第二组遮罩动画的遮罩层为矩形从右向左生长出现的形状补间动画，被遮罩层为“饮料”画面；第三组遮罩动画的遮罩层为椭圆从小到大生长出现的形状补间动画，被遮罩层为“旅游”画面，在场景中将3组遮罩动画影片剪辑元件和户外广告牌合成，制作效果如图6-31所示，参考素材“户外广告牌.swf”文件。

6.2.4.2 任务操作

（1）创建文档。选择“文件→新建”命令，在弹出的“新建文档”对话框中选择“AS3.0”选项，将“宽”选项设置为1024，“高”选项设置为995，单击“确定”按钮，完成文档的创建。

（2）导入素材。选择“文件→导入→导入到库”命令，在弹出的“导入到库”对话框中选择“素材→制作户外广告→01，02，03，04”文件。单击“打开”按钮，将文件导入“库”面板中（图6-32）。

（3）制作“低碳”画面遮罩动画。

① 按“Ctrl+F8”组合键，弹出“新建元件”对话框。在“名称”选项的文本框中输入“动画”，在“类型”选项下拉列表中选择“影片剪辑”选项，单击“确定”按钮，新建影片剪辑元件“动画”。在“影

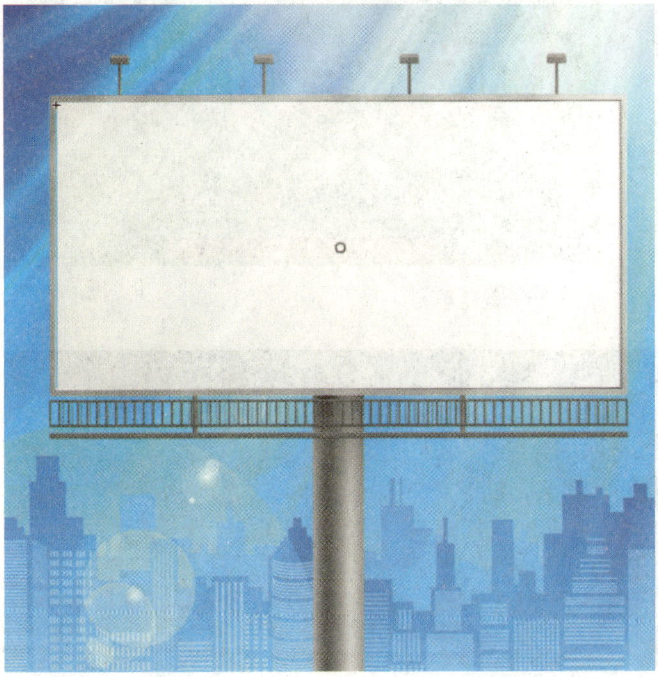
图6-31 户外广告

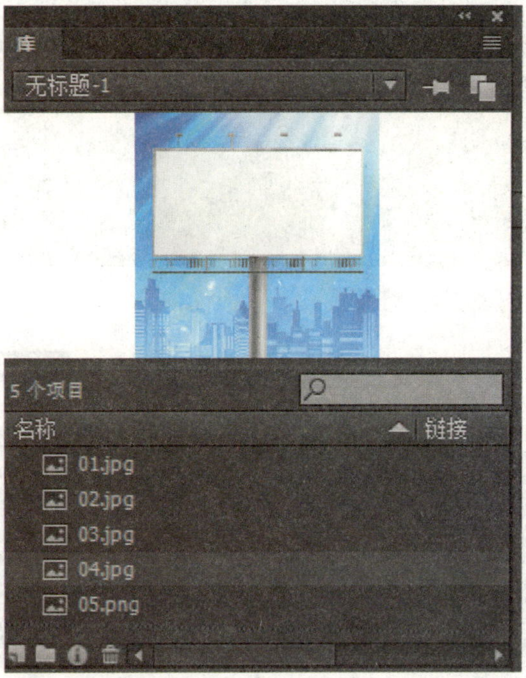

图6-32 素材导入

片剪辑元件”的舞台窗口的时间轴面板中（图6-33），将“图层1”命名为“低碳”（图6-34）。

② 将“库”面板中的位图“02”拖曳到舞台窗口中，在位图“属性”面板中将“X”轴选项和“Y”轴选项均设为0，将图片的左上角与中心点对齐（图6-35），选中“低碳”图层的第150帧，按F5键，插入普通帧。

③ 在“时间轴”面板中创建新图层，命名为“矩形1”。选择“矩形”工具，在工具箱中将“笔触颜色”设为无，“填充颜色”设为任意颜色，在舞台窗口中绘制一个矩形条（图6-36）。

④ 选择“矩形1”图层的第25帧，按F6键插入关键帧，选择“任意变形”工具，在舞台窗口中的矩形上出现控制框，按住“Alt”键的同时向右拖曳控制框右方中间的控制点，使“矩形1”刚好覆盖“低碳”图片（图6-37）。

⑤ 选择“矩形1”图层的第50帧，按F7键，插入空白关键帧，用鼠标右键单击“矩形1”图层的第一帧，在弹出的快捷菜单中选择“创建补间形状”命令。生成形状补间动画，在“矩形1”图层上单击鼠标右键，在弹出的快捷菜单中选择“遮罩层”命令。把“矩形1”图层设置为遮罩层，“低碳”图层设置为被遮罩层（图6-38）。

（4）制作“饮料”画面遮罩动画。

① 在“时间轴”面板中创建图层，命名为“饮料”，选中“饮料”

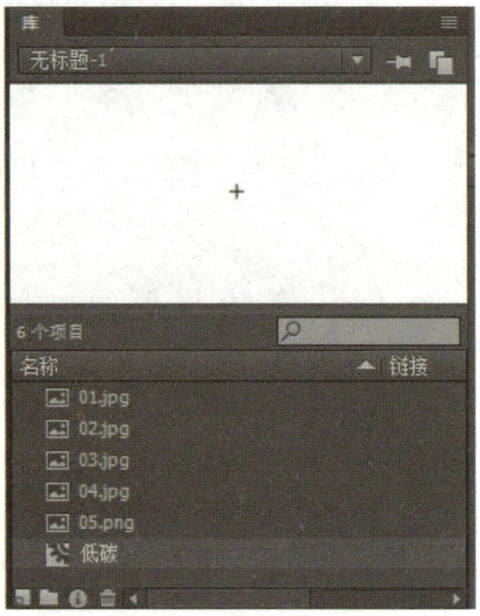

图6-33　图层创建

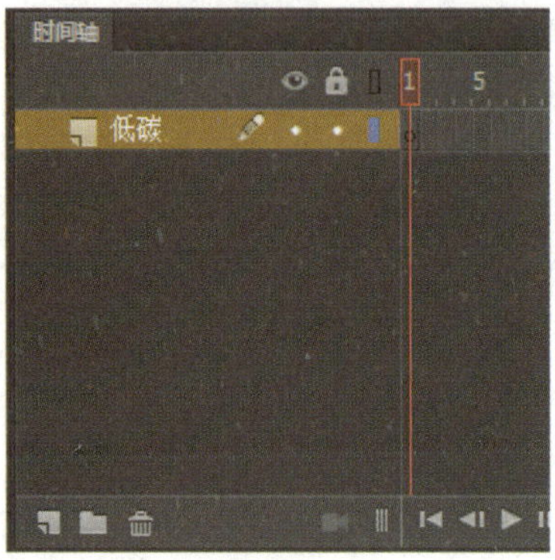

图6-34　“低碳”图层

图6-35　普通帧插入

图6-36　颜色填充

图6-37　“低碳”图片覆盖

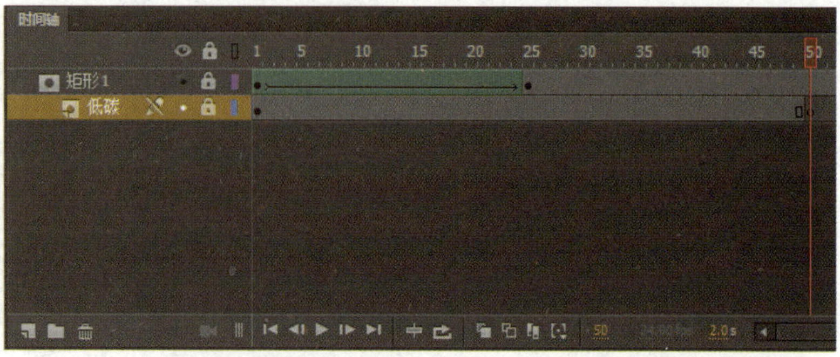

图6-38　遮罩层创建

图层的第50帧，按F6键，插入关键帧，将“库”面板中的位图“01”拖曳到舞台窗口中，在位图“属性”面板中将“X”轴选项和“Y”轴选项均设为0，将图片的左上角与中心点对齐（图6-39）。

② 在“时间轴”面板中创建新图层，命名为“矩形2”，选择“矩形2”图层的第50帧，按F6键，插入关键帧，选择“矩形”工具，在工具箱中将“笔触颜色”设为无，“填充颜色”设为任意颜色，在舞台窗口中绘制一个矩形条（图6-40）。

③ 选择“矩形2”图层的第75帧，按F6键插入关键帧，选择“任意变形”工具，在舞台窗口中的矩形上出现控制框，按住“Alt”键的同时向左拖曳控制框左方中间的控制点，使“矩形1”刚好覆盖“饮料”图片（图6-41）。

④ 选择“矩形2”图层的第100帧，按F7键插入空白关键帧，用鼠标右键单击“矩形2”图层的第50帧，在弹出的快捷菜单中选择“创建补间形状”命令，生成形状补间动画；在“矩形2”图层上单击鼠标右键，在弹出的快捷菜单中选择“遮罩层”命令，把“矩形2”图层设为遮罩层，“饮料”图层设为被遮罩层（图6-42）。

（5）制作“旅游”画面遮罩动画。

① 在“时间轴”面板中创建图层，命名为“旅游”，选中“旅游”图层的第100帧，按F6键插入关键帧，将“库”面板中的位图“03”拖曳到舞台窗口中，在位图“属性”面板中将“X”轴选项和“Y”轴选项均设为0，将图片的左上角与中心点对齐（图6-43）。

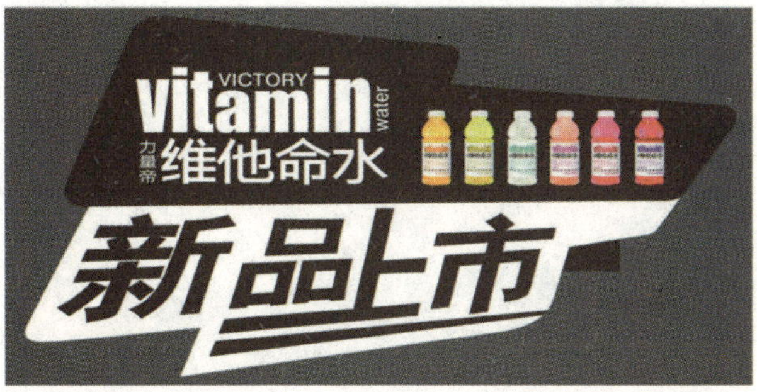

图6-39 “饮料”图层

图6-40 颜色填充

图6-41 “饮料”图片覆盖

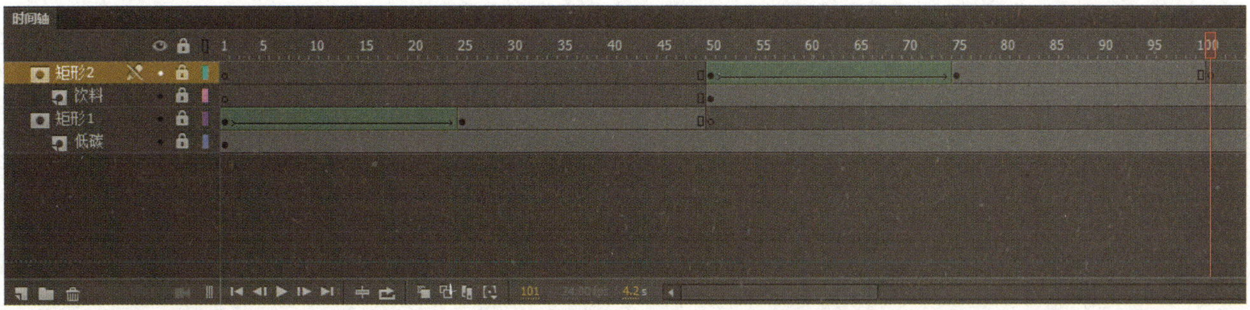

图6-42 遮罩层创建

图6-43 “旅游”图层

图6-44 正圆绘制

图6-45 “旅游”图片的覆盖

②在“时间轴”面板中创建新图层，命名为“椭圆”，选择“椭圆”图层的第100帧，按F6键插入关键帧，选择“椭圆”工具，在工具箱中将“笔触颜色”设为无，“填充颜色”设为任意颜色，按住Alt键拖到鼠标，在舞台窗口中绘制一个正圆（图6-44）。

③选择“椭圆”图层的第125帧，按F6键插入关键帧，选择“任意变形”工具，在舞台窗口中的矩形上会出现控制框，按住“Shift”键的同时向四个顶点的任意一个方向拖曳控制点，等比例放大正圆，使“正圆”刚好覆盖“旅游”图片（图6-45）。

④用鼠标右键单击“椭圆”图层的第100帧，在弹出的快捷菜单中选择“创建补间形状”命令，生成形状补间动画（图6-46）。

⑤在“椭圆”图层上单击鼠标右键，在弹出的快捷菜单中选择“遮罩层”命令。把“椭圆”图层设为遮罩层，“旅游”图层设为被遮罩层（图6-47）。

（6）场景中合成。

①单击舞台窗口左上方的“场景1”图标，进入场景1的舞台窗口，将图层1命名为“广告牌”，将“库”面板中的位图04拖曳到舞台窗口的中心位置（图6-48）。

②在“时间轴”面板中建新图层，命名为“画面”，将库面板中的影片剪辑“动画”元件拖曳至舞台窗口中，并放置在适当的位置（图6-49），户外广

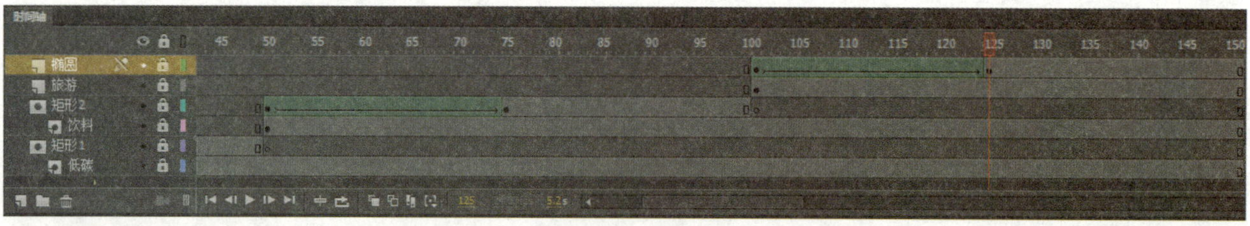

图6-46 形状补间动画

图6-47 遮罩层创建

图6-48　位图04位置

图6-49　动画效果

告制作完成。

至此，运用绘图工具、填充工具、对象编辑工具完成户外广告的设计与制作，可以通过Ctrl+Enter进行测试。

课后练习

“圣诞节”卡片发光效果

使用“矩形”工具，绘制矩形条效果；使用“变形”面板，制作角度旋转效果；使用“遮罩层”命令和“创建传统补间”命令，制作发光线条效果（图6-50）。

图6-50　最终效果图

项目7

Action Script 脚本的使用

素材　PPT 课件

学习目标

1. 了解Action Script动作脚本的概念、作用、类型及特点，理解Action Script的相关术语及关键字。
2. 初步熟悉动作脚本的多种输入方法，掌握动作脚本的基本语法。
3. 熟悉动作脚本的常用命令和编写方法。

7.1 Action Script脚本

7.1.1 任务引入

自然界经常可见水波的形成，而如何通过动画实现水面上很自然的水波变化，甚至通过鼠标或其他对象在划过水面时也能形成自然的水波，这就需要动画中的Action Script脚本、事件等知识来实现。

本任务主要运用按钮、Action Script脚本及鼠标事件进行控制，从而制作出鼠标在水面上点击时出现波纹由小变大，并慢慢消失的动画效果。

7.1.2 知识引入

7.1.2.1 Action Script概述

Animate CC中的动作脚本Action Script更加强化了Animate的编程（动作）脚本语言，并且是可重复使用、可伸缩、可维护的可靠程序结构，从而实现具有交互功能的动画，达到非常丰富的交互效果；完善了各种操作细节，让动画制作者更加得心应手。Animate CC中取消了Action Script 2.0脚本的不足，直接升级为Action Script 3.0脚本。Action Script 3.0能帮助我们轻松实现对动画的控制，以及对对象属性的修改等操作，还可以取得使用者的动作或资料，进行必要的数值计算以及对动画中的音效进行控制等。灵活运用这些功能并配合Animate动画内容进行设计，可以更好地做出互动式的网站，或是网页上的游戏。

（1）概念。Action Script 3.0是一门功能强大、符合业界标准的、面向对象的编程语言，在支持SWF文件的基础上，加入了对HTML5的支持。它在Animate编程语言中有着里程碑的作用，是用来开发丰富应用程序（RLA）的重要语言。

Action Script 3.0在用于脚本撰写的国际标准化编程语言ECMAScript的基础上，对该语言做了进一步的改进，可为开发人员提供用于丰富Internet应用程序（RIA）的可靠的编程模型。开发人员可以获得卓越的性能并简化开发过程，便于利用非常复杂的应用程序、大的数据集和面向对象的、可重复使用的基本代码。

Action Script 3.0在Flash Player 9中时就开始在Action Script虚拟机（AVM2）内执行，可为下一代RIA带来性能突破。

Action Script 3.0最基本的应用与创作工具Animate CC结合，创建各种不同的应用特效，实现丰富多彩的动画效果，使Animate创建的动画更加人性化，更具有弹性效果。

在 Animate CC中，使用动作脚本3.0书写代码的方式只有两种：一是利用“动作”面板在时间轴上书写代码；二是在外部类文件中书写代码，在 Animate CC动作脚本3.0中，代码不一定再添加在影片剪辑元件和按钮上，这便于代码的组织和管理。所有的程序代码都写在时间轴或单独的脚本文件里。Action Script 3.0的设计思就是实现代码和设计分开。

（2）Action Script 3.0的功能。Action Script 3.0包含Action Script编程人员所熟悉的许多类和功能，但Action Script 3.0在架构和概念上是区别于早的Acton Script版本的。Action Script 3.0中的改进部分包括新增的核心语言功能以及能更好地控制低级对象的改进Flash Player. API。在Action Script 3.0的功能：

① 新增Action Script虚拟机，称为AVM2，它使用全新的字节码指令集，使性能显著提高。

② 用了更为先进的编译器代码库，它更为严格地遵循ECMAScript（ECMA 262）标准，相对于早期的版本，可执行更深入的优化。

③ 扩展并改进的应用程序编程接口（API），拥有对对象的低级控制和真正意义上的，面向对象的模型。

④ 基于ECMAScrip for XML（EAX）规范的XML API。EAX是ECMAScript的一种语言扩展，它将XML添加为语言的本机数据类型。

⑤ 基于文档对象模型（DOM）第3级事件规范的事件模型。

（3）作用。

① 添加玄妙的动画效果。

② 控制影片的播放速度。

③ 可应用到高级应用程序开发中，制作多媒体课件、游戏、聊天室及网络互动应用程序等。

（4）脚本语句类型。

① 帧脚本语句。添加在关键帧或空白关键帧上的动作脚本，动画播放到该帧时自动执行。添加处出现a标记。

② 事件语句脚本。

a. 按钮脚本：附在按钮元件及其实例上，用来响应鼠标动作或键盘动作。

b. MC脚本：附在MC元件及其实例上，用于比较复杂的交互要求。

7.1.2.2 Action Script 3.0语法规则

动作脚本拥有自己的一套语法规则和标点符号，必须严格按照正确的语法规则和正确运用标点符号实现脚本的编写。

（1）区分大小写。在区分大小写的编程语言中，仅大小写不同的变量名（book和Book）被视为互不相同。Action Script 3.0中标识符区分大小写。

例：两条不同的动作语句

```
dog.hilite = true;
DOG.hilite =true;
```

对于关键字、类名、变量和方法名等，要严格区分大小写。如果关键字大小写出现错误，编写程序就会有错误信息提示。如果采用彩色语法模式，那么正确的关键字将以深蓝色显示。

（2）分号。语句结束以分号（;）为结尾；动作脚本中的语句可以由一个分号结尾。如果在结尾处省略分号，Animate仍然可以成功编译。

（3）注释脚本。使用字符“//”和“/*　/*”，前者是单行注释，后者是多行注释；在“动作”面板中，使用注释语句可以在一个帧或者按钮的脚本中添加说明，有利于增加程序的易读性。注释语句以双斜线//开始，斜线显示为灰色，注释内容可以不考虑长度和语法，注释语句不会影响动画输出时的文件量。

例：注释的使用

```
on ( release ) {
//创建所的Date对象
myDate = news Date( );
currentMonth = myDate.getMonth( );
//将月份数转换为月份名称
monthName = calcMonth ( currentMonth ) ;
year=myDate.getFullYear( );
currentDate = myDate.getDate( );}
```

（4）点（.）运算符。主要用于指示与对象或影片剪辑相关的属性或方法，用于标识指向影片剪辑或变量的目标路径。点（.）运算符表达式以影片或对象的名称开始，中间为点（.）运算符，最后是要指定的元素，语法表达式：

例：将影片剪辑元件Js的显示属性设置为“真”；

```
Js._visible = true.
```

点（.）运算符语法还使用两个特殊别名：_root和_parent；别名_root是指主时间轴，可以使用_root别名创建一个绝对目标路径。

例：调用主时间轴上影片剪辑 functions中的函数buildGameBoard( )；

```
_root.functions.buildgameboard( );
```

可以使用别名_parent引用当前对象嵌入的影片剪辑，也可以使用 parent 创建相对目标路径。

例：影片剪辑 dog_mc嵌入影片剪辑 animal_mc的内部时，则实例dog_mc的语句会指示animal_mc停止：

```
parent. stop( );
```

（5）大括号{ }。大括号{ }主要用于动作脚本中的事件处理函数、类定义和函数用大括号组合在一起形成块，并当作是一个语句来执行语句块。

例：事件处理函数

```
on ( release ) {
    mydate = new Date( );
    currentmonth = mydate.getmonth( )
}
on ( release ) {
    mydate = new Date( )
    currentmonth mydate.  getmonth( );
}
```

（6）圆括号。在定义函数时，任何参数定义都必须放在一对圆括号内。

例：function myfunction (name，age，reader) { }

调用函数时，需要被传递的参数也必须放在一对圆括号内。可以使用圆括号改变动作脚本的优先顺序或增强程序的易读性。

（7）引号。要引用或合并字符串与数值时，需为字符添加引号；

例：TheString= “The total count is：” + et

（8）常量。常量用于数值的比较，常量中的值永远不会改变。所有的常量可以在“动作”面板的工具箱和动作脚本字典中找到。

例：常数BACKSPACE、ENTER、QUOTE、RETURN、SPACE和TAB是Key对象的属性，指代键盘的按键。若要测试是否按了Enter键，可以使用下面的语句：

```
if ( Key. get Code( )= =Key. ENTER ) {
alert = "Are you ready to play?"
controlMC.gotoAndstop ( 5 )
}
```

（9）关键字。在 Action Script 3.0中，不能使用关键字作为标识符，即不能使用这些关键字和保留字作为变量名、方法名、类名等。

如果将关键字用作标识符，则编译器会报告一个错误。表7.1列出了Action Script 3.0常用的关键字。

表7.1　　关键字

break	跳出循环体	instanceof	返回对象所属的类（Class）
case	定义一个switch语句的条件选择语句块	new	使用构造函数（Constructor）创建一个新的对象
continue	跳到循环体的下一项目	return	在函数中返回值
default	定义switch语名的默认语句块	switch	定义一个多条件选择语句块
delete	清除指定对象占用的内存资源	this	引用当前代码所在的对象
else	定义if语句返回为假时的语句块	typeof	返回对象的类型
for	定义一个循环	var	声明一个本地变时（Local Variable）
function	定义一个函数语句块	void	声明返回值类型不确定
if	定义一个条件语句块	while	定义一个条件循环语句块
in	在一个对象或元素数组中创建循环	with	定义一个对指定对象进行操作的语句块

7.1.2.3　变量

变量存储任意数据类型值的标识符，包含任何数据类型值的标示符。变量可以被创建、改变和更新；变量是包含信息的容器。容器本身不会改变，但其内容可以更改。第一次定义变量时，最好为变量初始化一个已知值，这就是初始化变量，通常在SMF文件的第1帧中完成。每一个影片剪辑对象都有自己的变量，且不同的影片剪辑对象中的变量相互独立、互不影响。

变量中可以存储的常见信息类型包括URL、用户名、数字运算的结果和事件发生的次数等。变量命名必须遵循一定规则：

（1）变量名在其作用范围内必须是唯一的，不能与Actions中使用的命令名称相同。

（2）变量名不能是关键字或布尔值（tue或false）。

（3）变量名必须以字母或下划线开始，由字母、数字或下划线组成，其中不能包含空格（变量名没有大小写的区别）。

变量的范围是指变量在其中已知并且可以引用的区域，它包含3种类型：

（1）本地变量：在声明它们的函数体（由大括号决定）内可用。本地变量的使用范围只限于它的代码块，会在该代码块结束时到期，其余的本地变量会在脚本结束时到期。若要声明本地变量，可以在函数体内部使用var语句。

（2）时间轴变量：可用于时间轴上的任意脚本。要声明时间轴变量，应在时间轴的所有帧上都初始化这些变量。应先初始化变量，再尝试在脚本中访问它。

（3）全局变量：对于文档中的每个时间轴和范围均可见、可用。如果要创建全局变量，可以在变量名称前使用_global标识符，不使用var语法。

7.1.2.4　函数

函数是用来对常量和变量等进行某种运算的方法，如产生随机数、进行数值运算或获取对象属性等。函数是一个多行动作脚本代码块，它可以在影片的任何位置重新使用。如果将值作为参数传递给函数，则函数将对这些值进行操作。函数也可以返回值。

函数（Function）的准确定义为：执行特定任务，并可以在程序中重用的代码块。

（1）函数的定义。在 Action Script 3.0中有两种定义函数的方法：一种是常用的函数语句定义法；另一种是Action Script中独有的函数表达式定义法。具体使用哪一种方法来定义，要根据编程习惯选择。一般的编程人员使用函数语句定义法，对有特殊需求的编程人员，则使用函数表达式定义法。

① 函数语句定义法。函数语句定义法是程序语言中基本类似的定义方法，使用 function关键字来定义，其格式如下：

```
function函数名（参数1：参数类型，参数2：参数类型）：返回类型{
    //函数体
}
```

a. function：定义函数使用的关键字。注意 function关键字要以小写字母开头。

b. 函数名：定义函数的名称。函数名要符合变量命名的规则，最好给函数取一个与其功能一致的名字。

c. 小括号：定义函数必需的格式，小括号内的参数和参数类型都可选。

d. 返回类型：定义函数的返回类型，也是可选的，要设置返回类型，冒号和返回类型必须成对出现，而返回类型必须是存在的类型。

e. 大括号：定义函数的必需格式，需要成对出现。括起来的是函数定义的程序内容，是调用函数时执行的代码。

② 函数表达式定义法。函数表达式定义法也称为函数字面值或匿名函数，

这是一种较为繁杂的方法，在早期的Action Script中广为使用。其格式如下：

var函数名：Function = function（参数1：参数类型，参数2参数类型…）：返回类型{

// 函数体

}

a. var：定义函数名的关键字，var关键字要以小写字母开头。

b. 函数名：定义的函数名称。

c. Function：指示定义数据类型是 Function类。注意 Function为数据类型，需以大写字母开头。

d. =：赋值运算符，把匿名函数赋值给定义的函数名。

e. function：定义函数的关键字，指明定义的是函数。

f. 小括号：定义函数必需的格式，小括号内的参数和参数类型都可选。

g. 返回类型：定义函数的返回类型，可选参数。

h. 大括号：其中为函数要执行的代码。

推荐使用函数语句定义法。这种方法更加简洁，更有助于保持严格格式和标准模式的一致性。函数表达式定义函数主要用于：一是适合关注运行时行为或动态行为的编程；二是用于那些使用一次后便丢弃的函数或向原型属性附加的函数。函数表达式更多地用在动态编程或标准模式编程中。

③ 构造函数。用于定义一个类的相关特性和方法的函数。

例：定义一个Circle类并实现一个构造函数

```
class Circle
{  private var radius：Number
      private var circumfence：Number
      function Circle（radius：Number）//构造函数
        {circumfence=2*Math.PI*radius;            }
}
```

以后使用这个类时只要调用该函数，并且给这个变量赋值，就可得到相应的圆。

（2）函数的调用。函数只是一个编好的程序块，在没有被调用之前，什么也不会发生。只有通过调用函数，函数的功能才能实现，才能体现出函数的高效率。

对于没有参数的函数，可以直接使用该函数的名字，并跟一个圆括号来调用。

例：定义一个不带参数的函数 Hellos( )，并在定义之后直接调用。

```
function Hello( ){
trace（ " AS3.0世界欢迎你！ " ）;
}
Hello ( );
```

调用函数指用一行代码来代替一个可执行的多行代码块。函数可以执行多个动作，并为它们传递可选项。函数必须有唯一的名称，以便在代码行中可以知道访问的是哪一个函数。

Animate具有内置的函数，可以访问特定的信息或执行特定的任务。例如，获得Flash播放器的版本号等。属于对象的函数叫方法，不属于对象的函数叫顶级函数，可以在“动作”面板的“函数”类别中找到。

每个函数都具备自己的特性，而且某些函数需要传递特定的值。如果传递的参数多于函数的需要，多余的值将被忽略。如果传递的参数少于函数的需要，空的参数会被指定为undefined数据类型，这在导出脚本时，可能会导致出现错误。

动作脚本提供了自定义函数的方法，可以自行定义参数，并返回结果。在主时间轴上或影片剪辑时间轴的关键帧中添加函数时，即是在定义函数。所有的函数都有目标路径。所有的函数都需要在名称后跟一对括号( )，但括号中是否有参数是可选的。一旦定义了函数，就可以从任何一个时间轴中调用它，包括加载的SMF文件的时间轴。函数在动画程序设计的过程中，是一个革命性的创新。利用函数编程，可以避免冗长、杂乱的代码；可以重复利用代码，提高程序效率；可以便利地修改程序，提高编程效率；通过引用名称执行任务的一组语句，从而不必重复地输入相同的脚本，就能达到完成相同的功能。

7.1.2.5 数据类型

数据类型描述了动作脚本的变量或元素可以包含的信息种类。动作脚本有两种数据类型，即原始数据类型和引用数据类型。原始数据类型是指String（字符串）、Number（数字）和Boolean（布尔值），它们拥有固定类型的值，因此可以包含它们所代表元素的实际值。引用数据类型是指影片剪辑和对象，它们的值的类型是不固定的，因此它们包含对该元素实际值的引用。下面将介绍各种数据类型。

（1）String（字符串）。字符串是字母、数字和标点符号等字符的序列。字符串必须用一对双引号标记。字符串被当作字符而不是变量进行处理。

例："1237"是一个字符串：

Num = "1237";

（2）Number（数字型）。数字型是指数字的算术值，要进行正确的数学运算必须使用数字数据类型。可以使用算术运算符加（+）、减（-）、乘（*）、除( )、求模（%）、递增（++）和递减（--）来处理数字，也可以使用内置的Math对象的方法处理数字。

例：使用sqrt( )（平方根）方法返回数字100的平方根：

Math. sqrt（100）;

（3）Boolean（布尔型）。布尔型的值为tnue或false的变量，被称为布尔型变量。动作脚本也会在需要时将值true和fase转换为1和0。在确定“是/否”的情况下，布尔型变量是非常有用的。在进行比较以控制脚本流的动作脚本语句中，布尔型变量经常与逻辑运算符一起使用。

例：在脚本中变量 username和password为true，则会播放该swf文件

```
onclipevent ( enterframe ) {
    if ( username = =  true && password = = true ) {
      play( );
}}
```

（4）Movie Clip（影片剪辑型）。影片剪辑是Animate影片中可以播放动画的元件，它们是唯一引用图形元素的数据类型。Animate中每个影片剪辑都是一个Movie Clip对象，它们拥有Movie Clip对象中定义的方法和属性。通过点运算符可以调用影片剪辑内部的属性和方法。

例：My_MC.startDrag（true）;

parent_mc.getURl（"http://www.ybzy.cn/"+product）i

（5）Object（对象型）。对象型指所有使用动作脚本创建的基于对象的代码。对象是属性的集合，每个属性都拥有自己的属性名称和值，属性的值可以是任何Animate数据类型，甚至可以是对象数据类型。通过（.）运算符可以引用对象中的属性。

例：hoursworked是weeklystats的属性，而后者是employee的属性。

employee. weeklystats hoursworked

（6）Null（空值）。空值数据类型只有一个值，即null。这意味着没有值，即缺少数据。null可以用在各种情况中，作为函数的返回值、表明函数没有可以返回的值、表明变量还没有接收到值、表明变量不再包含值等。

（7）Undefined（未定义）。未定义的数据类型只有一个值，即undefined，用于尚未分配值的变量。如果一个函数引用了未在其他地方定义的变量，那么Flash将返回未定义数据类型。

7.1.2.6 表达式和运算符

表达式是由常量、变量、函数和运算符按照运算法则组成的计算式。运算符是可以提供对数值、字符串和逻辑值进行运算的关系符号。运算符有很多种类，包括数值运算符、字符串运算符、比较运算符、逻辑运算符、位运算符和赋值运算符等。

（1）算术运算符及表达式。算术表达式是数值进行运算的表达式。它由数值、以数值为结果的函数和算术运算符组成，运算结果是数值或逻辑值。可以使用以下算术运算符：

+、—、*、/ --执行加、减、乘、除运算；

=、< > --比较两个数值是否相等、不相等；

<、< =、>、> = --比较运算符前面的数值是否小于、小于等于、大于、大于等于后面的数值。

（2）字符串表达式。字符串表达式是对字符串进行运算的表达式。它由字符串、以字符串为结果的函数和字符串运算符组成，运算结果是字符串或逻

辑值。可以使用如下字符串表达式的运算符：

&——连接运算符两边的字符串；

Eq、Ne——判断运算符两边的字符串是否相等、不相等；

Lt、Le、Qt、Qe——判断运算符左边字符串的ASCI码是否小于、小于等于、大于、大于等于右边字符串的ASCI码。

（3）逻辑表达式。逻辑表达式是对正确、错误结果进行判断的表达式。它由逻辑值、以逻辑值为结果的函数、以逻辑值为结果的算术或字符串表达式及逻辑运算符组成，运算结果是逻辑值。

（4）位运算符。位运算符用于处理浮点数。运算时先将操作数转化为32位的二进制数，然后对每个操作数分别按位进行运算，运算后再将二进制的结果按照数值类型返回。动作脚本的位运算符有：

&（位与）、/位或）、︿（位异或）、~（位非）、<<（左移位）、>>（右移位）和>>>（填0右移位）等。

（5）赋值运算符。赋值运算符的作用是为变量、数组元素或对象的属性赋值。

7.1.2.7　常用命令

（1）时间轴控制。

① play语句。

作用：使动画文件从指定位置进行播放，主要用于控制影片剪辑；可直接添加在影片剪辑元件或帧中，对指定影片剪辑元件及动画进行控制。

格式：play( )　　//无参数

② stop语句。

作用：用于停止当前正在播放的文件；可直接添加在影片剪辑元件或帧中，对指定影片剪辑元件及动画进行控制。

格式：stop( )　　//无参数

③ goto语句。

作用：无条件跳转语句，它不受任何条件的约束，可跳转到任何地方。

格式：

gotoAndPlay（“场景”，帧）//控制动画跳转到一个特定场景的某帧上，并同时开始播放。

gotoAndStop（“场景”，帧）//控制动画跳转到一个特定场景的某帧上，并立即停止播放。

preFrame( ) / nextFrame( )　　//转到并停止在前一帧 / 下一帧。

preScene( ) / nextScene( )　　//转到并停止在前一场景 / 下一场景的第1帧。

④ stopAllSounds语句。

作用：用于停止所有正在播放的声音，用于声音按钮上，无参数。

格式：stopAllSounds( );

（2）浏览器控制指令函数。

① getURL语句。

作用：添加超级链接，包括电子邮件链接。

格式：GetURL（URL，Window，method）

参数：URL：链接打开的地址；

Windows：_self、_blank、_parenet、_top四种形式；

Method：用来设置是否传送变量及传递方式。

② fscommand语句（表7.2）。

作用：用于控制播放器，发送相应命令。

格式：fscommand（命令，参数）。

表7.2 fscommand语句参数

命令	参数	功能说明
quit	没有参数	关闭影片播放器
fullscreen	true or false	用于控制是否让影片播放器成为全屏播放模式。true为是，false为不是
allowscale	true or false	false让影片画面始终以100%的方式呈现，不会随着播放器窗口的缩放而缩放，true则刚好相反
showmenu	true or false	true代表当用户在影片画面上右击时，可以弹出全部命令的右键菜单，false则表 示命令菜单里只显示“About Shockwave”信息
exec	应用程序的路径	从Flash播放器执行其他应用软件
trapallkeys	true or false	用于控制是否让播放器锁定键盘的输入，true为是，false为不是。避免用户按下Esc键，解除全屏幕播放

（3）MC控制指令函数。

① _root语句。

作用：用来指定主场景中的实例或变理。

格式：_root.实例名（变量名）。

② tell语句。

作用：用于告知目标对象。

格式：tell（目标）。

③ startDrag及stopDrag语句。

作用：用来控制拖运对象的语句，前者用来拖动指定的对象，后者结束对指定对象的拖动。

格式：startDrag（“实例名”）。

④ setproperty和getproperty语句。

作用：前者用于设置对象的属性，后者用于获取对象的属性。

格式：setproperty / getproperty（“对象名”，属性）。

⑤ loadMovie和unloadMovie语句。

作用：分别用于加载和卸载电影文件。

格式：loadMovie（url，目标，方法）。

unloadMovie（目标）。

⑥ updateAfterEvent语句。

作用：只能用在MC动作里，使得一处理完clipEvent事件就刷新影片。

格式：updateAfterEvent（clipEvent）。

7.1.2.8 事件

（1）产生事件的条件。事件是所发生的、Action Script能够识别并可以响应的事情；指定为响应特定事件而应执行的某些动作的技术被称为事件处理。产生事件的条件有：

① 当某个影片剪辑载入或卸载时。

② 当在时间轴上播放到某一帧时。

③ 当单击某个按钮或按下键盘上的某个键时。

（2）鼠标事件。鼠标事件分为MOUSE_OVER，MOUSE_MOVE，MOUSE_DOWN，MOUSE_UP，MOUSE_OUT，MOUSE_WHEEL和MOUSE_LEAVE。其中，前六个事件都来自flash.events.MouseEvent类，最后一个MOUSE_LEAVE却是来自flash.events.Event。

① MOUSE_OVER-鼠标移动到目标对象上时触发，可以用于模拟按钮的mouse over效果。

② MOUSE_MOVE-鼠标在目标对象上移动时触发，主要用于判断。比如判断在拖曳实例时，实例是否在允许范围之内，如果超出，应立刻停止拖曳或重新设定实例的坐标。

③ MOUSE_DOWN-鼠标在目标对象上按下时触发。注意，只有按下鼠标左键时才会触发，右键和滚轮都不会触发。在目标对象之外按下鼠标左键，再移到目标对象上时，也不会触发。

④ MOUSE_UP-鼠标在目标对象上松开时触发。注意，只有松开鼠标左键时才会触发，右键和滚轮都不会触发。在目标对象上按下鼠标左键，再移到目标对象之外松开时，不会触发。但在目标对象之外按下鼠标左键，再移动到目标对象上松开时，就会触发。

⑤ MOUSE_OUT- 鼠标移到目标对象之外时触发。

⑥ MOUSE_WHEEL-鼠标在目标对象上转动滚轮时触发。

⑦ MOUSE_LEAVE-当光标离开舞台时触发。在使用自定鼠标后，在鼠标离开舞台时，触发MOUSE_LEAVE事件，然后可以把自定义的鼠标隐藏，避免还停留在舞台上。

7.1.2.9 动作面板

（1）动作。动作是指当满足某一个条件时，影片所作出的响应，如停止、提示、声音等，在Animate中包括帧动作和按钮动作，专门有一个动作面板来设定。

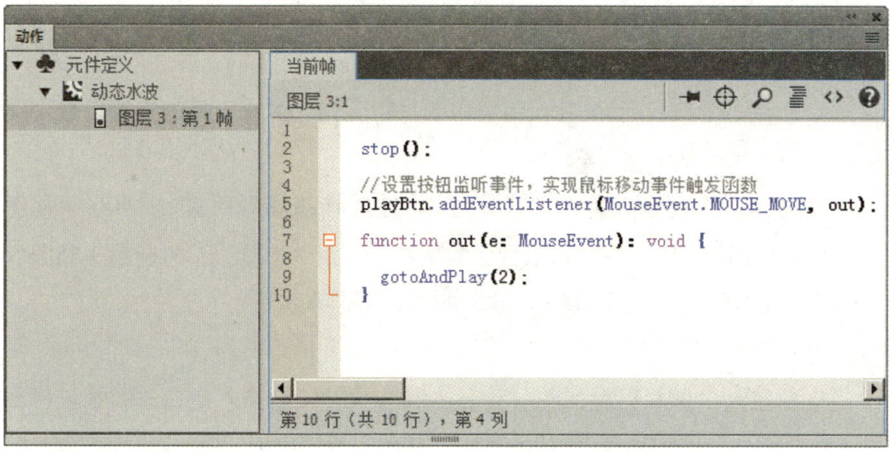

图7-1 动作界面

帧动作是指当影片播放到某一帧时，所产生的动作，其设置方法：在帧上敲右键，选择“动作”命令，此时将弹出动作面板；为对象添加脚本通过“动作”面板来实现。

（2）动作界面（图7-1）。

（3）动作脚本的添加。

① 在舞台上选择要添加动作的对象（关键帧），单击F9打开“动作”面板，并切换至脚本助手模式 ，添加动作脚本。

② 在动作列表中单击要添加的命令组，在展开的命令组中双击要添加的动作。则可以将动作命令添加到右侧的“脚本编辑窗格”中。也可以点击“脚本编辑窗格”中的按钮，从弹出的菜单中选择要添加的动作。

7.1.3 任务实现——波纹跟随鼠标动画

7.1.3.1 任务知识分析

通过对利用背景图片进行淡化，让其水面感觉自然。首先要制作出静态的水波形状，主要用于水波由小变大，并实现水波慢慢消失的过程，但要实现这个效果，需要制作出一个变化的动态水波，运用不透明以及遮罩动画，并利用按钮、Action Script脚本及鼠标事件进行控制，从而制作出鼠标在水面上点击时出现波纹由小变大，并慢慢消失的动画效果。效果参考素材文件“波纹跟随鼠标动画.exe”。

7.1.3.2 任务操作

（1）主场景的设置。

①“新建文档”对话框→“类型”选择Action Script 3.0，将文档保存为“鼠标跟随动画”，“属性”面板中的舞台大小为“300×200”。

② 将back.png导入场景中，将其大小调整为300×200，并对齐场景中心，将图片转换为图形元件“back”。

③ 在主场景设置图形元件实例的透明度为90%，并中部居中。

（2）按钮元件及静态水波的制作。

① 新建一个按钮元件“button”，在按钮元件“弹起”帧的编辑场景中绘制一个10×10的黑色圆形●。

② 新建一个图形元件“静态水波”，在其编辑场景的第1帧中绘制如图7-2所示的椭圆圆环，并将其组合后的宽度、高度为100、50的椭圆（椭圆的内径依次变为0、80、85、90），效果如图7-2所示。

（3）动态水波。

① 新建一个影片剪辑元件“动态水波”，在第2帧插入空白关键帧，将图形元件“back”添加到第2帧的场景中，并对齐场景中心。

② 选中第20帧，按F6键插入关键帧，将第20帧中图形元件back实例的透明度设置为0%。

③ 在第2～20帧间为其设置传统补间动画。

④ 按钮新建一个图层2，在该图层2的第2帧插入关键帧，将图形元件“静态水波”添加到第2帧的编辑场景中，并对齐场景中心，宽度、高度为5、2，透明度Alpha为70%。

⑤ 在图层2的第20帧插入关键帧，修改其中元件实例的宽度、高度分别为100、50，透明度Alpha为100%。

⑥ 在第2～20帧间为其设置传统补间动画。

⑦ 新建图层3，在第1帧添加“button”按钮元件，在属性面板中设置其实例名为playBtn，并将其透明度设置为0%。

⑧ 在图层3 的第1帧设置其“动作”。

```
Stop( ):
//设置按钮监听事件，实现鼠标移动事件触发函数
playBtn. addEventListener ( MouseEvent. MOUSE_MOVE, out ):
function out ( e: MouseEvent ): void {
  gotoAndPlay ( 2 ):
}
```

在图层2上单击鼠标右键，选择“遮罩层”命令，将图层2设为图层1的遮罩层。

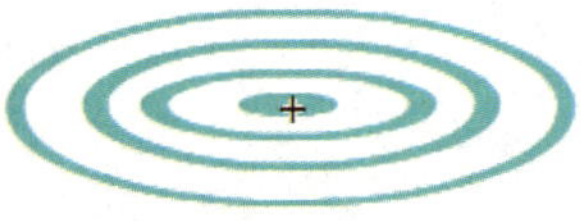

图7-2　静态水波

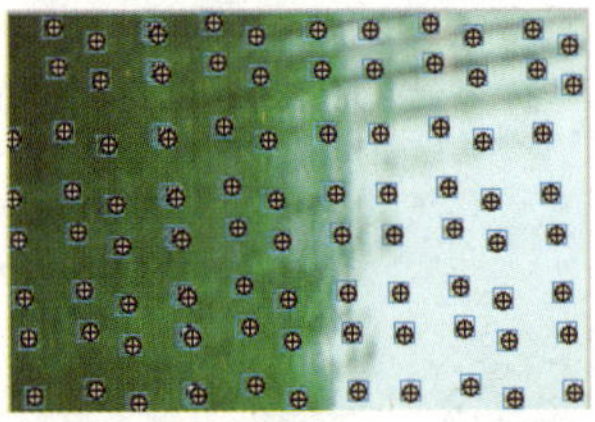

图7-3　水波界面

（4）主场景动画及测试。

① 在时间轴中新建一个图层2，将影片剪辑元件“动态水波”添加到场景中，并选中场景中的实例，按住Ctrl+Shift键拖动鼠标进行复制若干个水波实例（图7-3）。

② 按Ctrl+Enter键测试动画。

7.2 脚本的应用——网站下拉菜单的制作

网页导航菜单设计关系到网站整体设计的成败，所以不少优秀的网站设计通过颜色、排版、形状和一些图片的精心修饰来帮助网站创造更好的视觉效果，设计师们不管是着重从简菜单，还是注重众多细节的菜单设计，它们都需要符合所属网站的设计风格，以及人为操作习惯。若通过动画实现导航菜单的设计不仅要与网站风格一致，还要让用户专注于方便访问网页的各个模块，快速找到用户所需的内容。

7.2.1.1 任务知识分析

需要对菜单背景进行制作，然后使用矩形工具制制作相应的按钮，设置按钮相应的监听事件及相关函数实现帧的跳转，以及利用URLRequest对象实现页面的链接，使其最终效果“homeMenu.exe”文件；其主要制作过程涉及主菜单、子菜单背景，主菜单和子菜单图形的运作，按钮的制作与设置，监听事件及相关函数，URLRequest对象实现页面的链接，帮助按钮的设置。

7.2.1.2 任务操作

（1）背景的制作。

① 选择“新建”→“新建文档”对话框→“类型”选择Action Script 3.0，将文档保存为“homeMenu.fla”。

② 属性设置：“属性”面板中的FPS改为12.00，舞台大小为“598×48”，背景颜色为白色，其他默认。

③ 将所有素材文件导入库中。

（2）子菜单界面的制作。

① 将图层1改名为“子菜单背景”，从库中将文件“down.jpg”拖入舞台中，位置“X：0，Y：24”，宽度、高度分别为598、23.5，并延长帧到6帧处。

② 新建图层“欢迎字母图”，将文件“欢迎字幕.gif”拖入舞台中，位置“X：5.5，Y：29”。

③ 新建影片剪辑“下拉菜单”（略），将图层1改名为“白色下拉1”，绘制一个矩形，宽度、高度分别为700、105，位置为“X：-311，Y：-111”，并将其转换为图形元件“图1”，并在第8帧处插入关键帧，矩形元件的位置为“X:-305,Y:-58”，并在第1~8帧间建立传统补间动画；新建图层“总遮罩”。

④ 在主场景中新建图层“欢迎字幕动画”，将影片剪辑元件“下拉菜单”拖入舞台中。

⑤ 在主场景中新建图层“音乐频道”，在第2帧处插入关键帧，将文件“menu1.gif”拖入舞台中“X：7.5，Y：28”，并在下面“Y：88”添加对应的文字“最新专辑”“艺人报道”“推荐专辑”“排行榜”“音乐点评”“FMV”，大小12点。

⑥ 新建图层“明星股市”，在第3帧处插入关键帧，将文件“menu2.gif”拖入舞台“X：7.5，Y：28”，同理并在下面“Y：88”添加对应的文字。

⑦ 新建图层“网络电台”，在第4帧处插入关键帧，将文件“menu3.gif”拖入舞台“X：7.5，Y：28”，同理并在下面“Y：88”添加对应的文字。

⑧ 新建图层“娱乐栏目”，在第5帧处插入关键帧，将文件“menu4.gif”拖入舞台“X：7.5，Y：28”，同理并在下面“Y：88”添加对应的文字。

⑨ 新建图层“交友栏目”，在第6帧处插入关键帧，将文件“menu5.gif”拖入舞台“X：7.5，Y：28”，同理并在下面“Y：88”添加对应的文字。

（3）主菜单及菜单点击跳转显示不同子菜单的制作。

① 新建图层“主菜单”，在第1帧处拖入“menu.gif”到舞台“X：0，Y：0”。

② 新建按钮“home跳转”元件，在该元件的“弹起”帧处绘制一个宽度、高度分别为59、21的矩形，坐标为“X：0，Y：0”。

③ 在主场景中，新建图层“主菜单跳转”，在第1帧处将元件“home跳转”分别拖入舞台中主菜单的“Home”“音乐频道”“明星股市”“网络电台”“娱乐栏目”“交友中心”上，其透明度Alpha均为0%，如：

；并在其属性中分别定义实例名称为menu1、menu2、menu3、menu4、menu5、menu6，同时在第1帧处设置监听事件：

```
Stop( ):
//设置按钮监听事件，实现鼠标移动事件触发函数
menu1. addEventListener (MouseEvent. MOUSE_MOVE, moveOver):
function moveOve ( e: MouseEvent ): void {
    gotoAndPlay ( 1 ):
    stop( ):
}
```

同理为每个实例设置监听事件，以及相关函数，其gotoAndPlay（1）中的数字依次为：2、3、4、5、6。

（4）子菜单链接动作的制作。

① 新建按钮元件“URL跳转”，在该元件的“弹起”帧处绘制一个宽度、高度分别为50、14的矩形，坐标为“X：0，Y：0”（矩形左上角的矩形上角半径15）。

② 主场景“音乐频道”图层的子菜单上，分别拖入按钮元件“URL跳转”，设置按钮实例的透明度Alpha均为0%，即；在该图层的第2处设置实例的动作：

```
Menu2_1. addEventListener (MouseEvent. MOUSE_DOWN,
mouseDown21):
function mouseDown21 ( e: MouseEvent ): void. {
    var myUrl: URLRequest = new URLRequest ( "menu2_1.aspx" )
```

```
        navigateToURL ( myUrl );
    }
```

③ 同理在该图层第2帧处为每个按钮实例设置动作，分别对应实例名、函数名，以及文件名分别是menu2_2.aspx、menu2_3.aspx、menu2_4aspx、menu2_5.aspx、menu2_6.aspx。

④ 同理分别在对应的子菜单图层的关键帧处，即在第3、4、5、6帧关键帧处，将按钮元件“URL跳转”分别拖入舞台中对应的子菜单中，设置按钮实例的透明度Alpha均为0%，

（5）帮助菜单链接的制作。

① 新建图层“帮助”，从库中将“帮助.gif”拖入舞台的右侧。

② 新建图层“帮助URL”，从库中将按钮元件“home跳转”拖入舞台的“帮助”实例上，其Alpha为0，设置其动作代码：

```
    help. addEventlistener ( MouseEvent. MOUSE_DOWN，help );
    function help ( e: MouseEvent ): void. {
        var myUrl: URLRequest = new URLRequest ( “help.aspx” )
        navigateToURL ( myUrl );
    }
```

至此，有关Animate菜单的制作就基本实现了，但在制作中，实例要与相应的函数以及链接的页面文件分别对应。

课后练习

制作鼠标跟随效果

使用“矩形”工具，绘制图形，使用“动作”面板，添加动作脚本语言，制作出鼠标跟随效果（图7-4）。

图7-4　鼠标跟随效果图

项目8

交互式动画的制作

素材　　PPT 课件

学习目标

1. 了解Action Script动作脚本程序结构语句的有效控制。
2. 初步熟悉类的基本语法以及常用内置对象。
3. 熟悉动作脚本的常用命令和编写方法完成交互式动画的制作。

8.1　交互式动画的认识

8.1.1　任务引入

Action Script是Animate的脚本语言，创作者可以使用它制作具有交互性的动画，特别使用其相关类，极大地丰富了动画的形式，同时也提供给创作者无限的创意空间。

本任务主要利用椭圆工具、渐变工具以及画笔工具实现对静态泡泡的制作，利用扩展类实现泡泡随机产生以及随机生成大小、透明度、位置不同，达到从下往上升起的泡泡动画，从而灵活使用Action Script脚本中的相关类，极大地丰富Animate动画的形式。

8.1.2　知识引入

8.1.2.1　交互式动画的概述

（1）概念。交互式动画是指在动画作品播放时支持事件响应等交互功能的一种动画，即动画播放过程中可以响应用户的命令请求，从而实现动画播放进度控制、对象控制或交互游戏等功能。动画中交互功能的实现需要用户预先通过Action语句编制相应的程序，以实现某种特定功能。在动画播放过程中，用户通过鼠标单击、键盘输入指令等方式激活这些程序从而实现交互功能。

（2）动画的交互性。谈到Animate动画的交互性，关键在于操作性和表现性。二者凸显交互与动画的特点，并完美融合。交互式动画需要不断创新、求变，并美化你的操作界面。

不要把我们的思维局限在现有的、死板的计算机程序中。所有原理都来自生活，来自自然。Animate动画的交互方式，同样来源于生活，而不是计算机。这才是人机交互的生命与活力所在。

如果制作者决定用某种形式的交互Animate动画，就要确保其运用的动画可以巧妙提升这个程序关注的任务的可执行性，而不是把用户的注意力分散到交互Animate动画上。用户关注的仍然是任务本身，不必要的、不合逻辑的交互Animate动画会对用户体验造成伤害，另外还会降低程序的执行效率。

8.1.2.2 程序结构语句

语句是在运行时执行或指定动作的语言元素，常用的有if条件语句、switch选择语句、for循环语句。

（1）条件结构－if语句。If条件语句执行的操作最多有两种选择，但可以在else中进行嵌套if语句；结构流程如图8-1所示。

```
if（条件）{
  代码块A
}
else {
  代码块B
}
```

（2）循环结构－for语句。for语句是Action Script编程语言中最灵活、应用最为广泛的语句，通过循环体中条件表达式来确定是否执行代码块，结构流程如图8-2所示。

```
for（表达式1；条件表达式；表达式2）{
    代码块
}
```

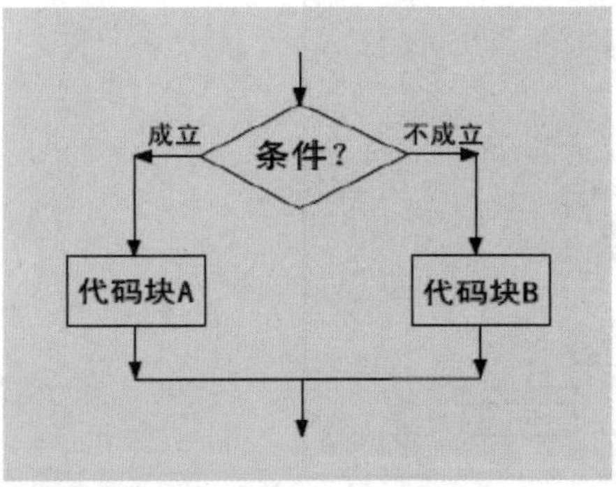

图8-1 条件if语句

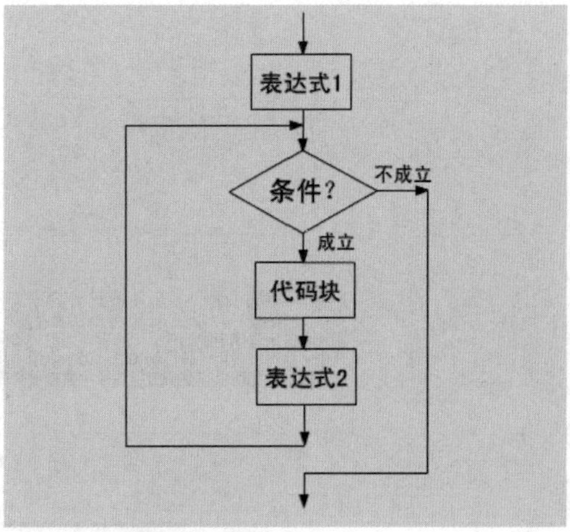

图8-2 循环for语句

（3）选择结构－switch语句。switch语句相当于一系列if语句，但是比if语句更清晰，是对表达式condition进行求值并使用计算结果来确定要执行的代码块。

```
switch (condition) {
        case A:
        // 语句
        case B:
        // 语句
        break;
        case Z:
        // 语句
        break;
        default:
        // 语句
        break;
}
```

8.1.2.3 类

对象是抽象的概念，要把抽象的对象变为具体可用的实例，必须使用类。使用类来存储对象可保存的数据类型，及对象可表现的行为信息。要在应用程序开发中使用对象，就必须准备好一个类，这个过程就好像制作好一个元件并把它放在库中一样，随时可以拿出来使用，下面主要从类的基本概念着手，逐步介绍类的定义方法和类的使用方法。

（1）类的概述。类（class）就是一群对象所共有的特性和行为。

早在Action Script 1.0中，程序员使用原型（Prototype）扩展的方法，来创建继承或将自定义的属性和方法添加到对象中来，这是类在Animate中的初步应用。在Action Script 2.0中，通过使用class和extends等关键字，正式添加了对类的支持。Action Script 3.0不但继续支持Action Script 2.0中引入的关键字，还添加了一些新功能，如通过 protected和internal属性增强了访问控制，通过final和override关键字增强了对继承的控制。

（2）创建自定义的类。正确完成类的创建和定义非常重要，创建一个自定义类的操作步骤：

① 建立一个准备保存类文件的目录，即为一个包（package）。比如，在计算机的盘中建立一个class文件夹。

② 按Ctrl＋N组合打开“新建文档”对话框，类型中选择“Action Script文件”选项，单击“确定”按钮（图8-3）。

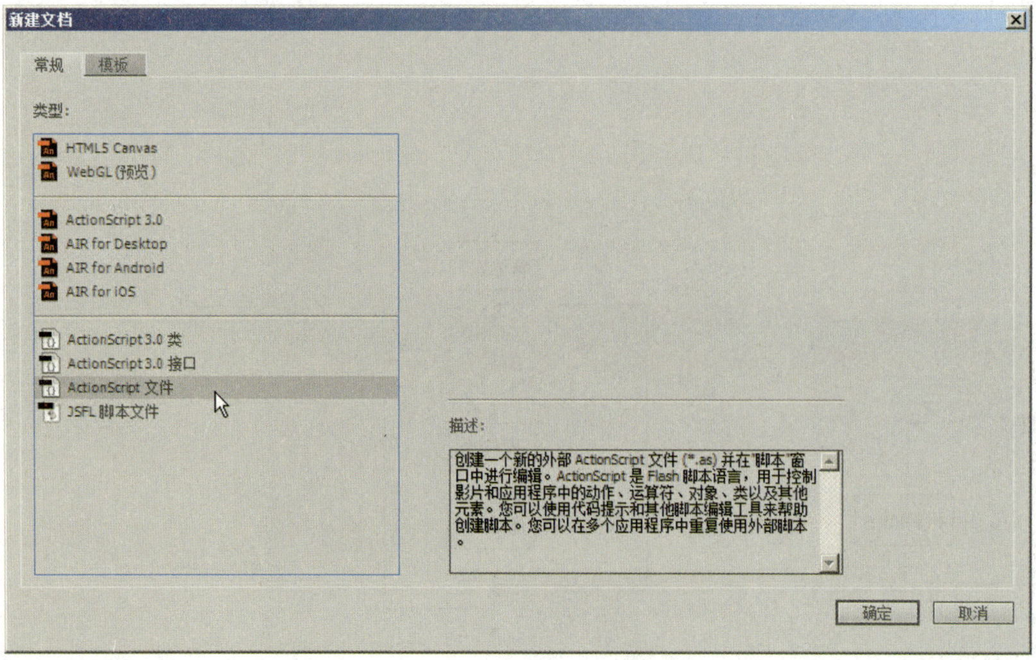

图8-3　新建文件

③ 按Ctrl + S组合键将Action Script文件保存到刚刚在盘中建立的Class文件夹中，文件名为要建的类的名字。比如要创建的类的名称为 Sample，那保存的文件名称也要为 Sample。

④ 在文件的开头写入package关键字和 package包的路径。如package Class{ }，其中Test就是保存类文件的目录名称（图8-4）。

⑤ 需要要引入其他的类，则要在package后面的大括号{ }中后入新行，使用import语句加入其他的包路径和名称（图8-5）。若没必要，则此步骤可以省略。

⑥ 若要在新的一行写入Class关键字和类的名字，如Class Sample { }（图8-6）。

在Class后面的大括号内写入对类定义的内容，包括构造函数、属性和方法即可。

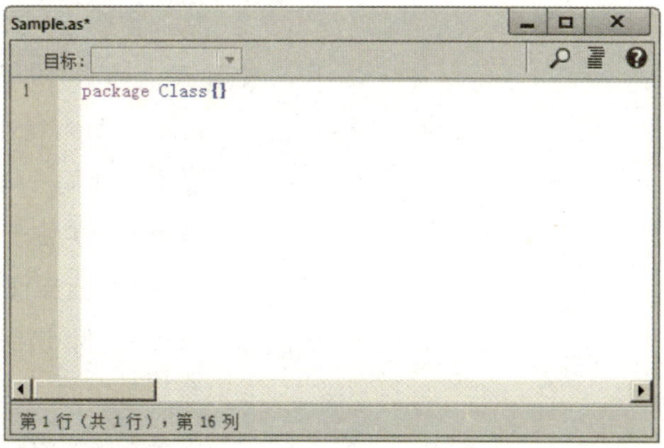

图8-4　新建类

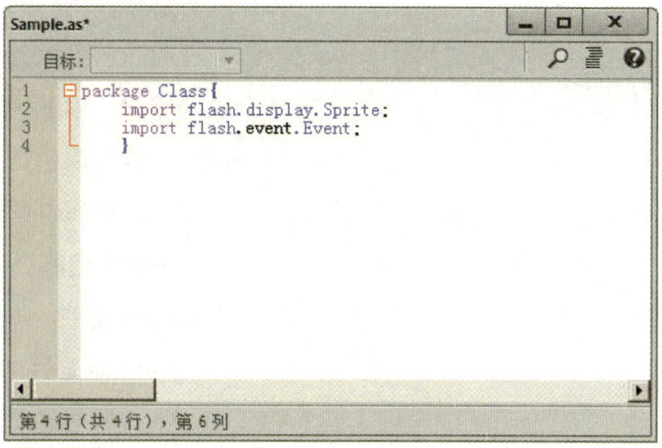

图8-5　引入其他类

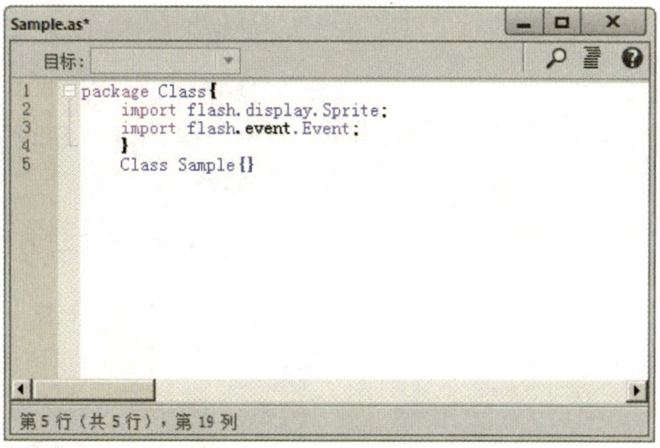

图8-6　添加类

（3）类实例的创建。类是为了使用而创建的，要使用创建好的类，必须通过类的实例来访问。要创建类的实例，主要需要进行两步操作：

第1步：使用import关键字导入所需的类文件，其用法格式如下：

Import 类路径.类名称；

第2步：使用new关键字加上类的构造函数，其用法格式如下：

var类引用名称：类名称 = new类名称构造函数( )；

（4）包块和类。在 Action Script 3.0中，包路径是一个独立的模块，单独用一个包块来包含类，不再作为类定义的一部分。定义包块使用 packages关键字，其用法格式如下：

package包块路径 {
//类体 }

用法示例代码：

```
package com.lzxt.display{
    //类体
}
```

（5）包的导入。在Action Script 3.0中，要使用某一个类文件，就要先导入这个类文件所在的包，也就是要先指明要使用的类所在的位置。通常情况下，包的导入有三种情形：

① 明确知道要导入哪个包，直接导入单个的包。

例：创建一个绘制对象，只需导入Display包中的Shape包即可。代码如下：

import flash.display Shape；

② 不知道具体要导入的类，使用通配符“*”导入整个包。

例：需要一个文本的控制类，但并不知道该类的具体名称，那么就可以使用“*”通配符进行匹配，可以导入包内的所有类。具体使用代码如下：

import flash text.*；

③ 要使用同一包内的类文件，则无须导入。

若有多个类位于计算机中的同一个目录下，则这些类在互相使用的时候，不需要导入，直接使用即可。

（6）声明和访问类的属性。在编程语言中，使用属性来指明对象的特征和对象所包含的数据信息以及信息的数据类型。在定义类的过程中，需要通过属性来实现对象特征的描述和对象信息数据类型的说明。比如在创建一个关于管理员管理的类的过程中，就需要说明管理员这一对象的“名称”“密码”等特征，同时对这些特征数据采用不同的数据类型等。

在Action Script 3.0的类体中，一般在Class语句之后声明属性。类的属性分两种情况：实例属性和静态属性。实例属性必须通过创建该类的实例才能访问，而静态属性则不需要创建类实例就能够访问。

声明实例属性的语法格式：

vam属性名称：属性类型；

var属性名称：属性类型 = 值；

public var属性名称：属性类型=值；

（7）声明和访问类的方法。在编程语言中，使用方法来构建对象的行为，即用来表示对象可以完成的操作。在编程过程中，通过对象的方法，告诉对象可以做什么事情、怎么做。比如在创建一个关于人的类的过程中，就需要知道人能够干什么事情，这就是人这一对象的方法。比如人张口说话，举手等行为，都需要通过方法来表示。

在 Action Script 3.0中，声明类实例方法的格式和上面函数的格式类似，格式如下：

function方法名称（参数…）：返回类型{

方法内容

}

8.1.2.4 常用对象

（1）Color对象。

new Color( )　　作用：创建Color对象的实例。

setRGB( )　　作用：设置影片剪辑实例对象的RGB值，即颜色。

getRGB( )　　作用：获取由setRGB方法指定的颜色值。

（2）Sound对象。

new Sound( )　　作用：创建Sound对象的实例。

attachSound( )　　作用：在影片播放时，将【库】中的声音元件附加到场景中。

start( )和stop( )　　作用：开始播放和停止声音。

（3）Data对象。

new Date( )　　作用：创建一个Date对象的实例。

getDate( )　　作用：获取系统时间来创建Date对象的实例。

（4）Math对象。

Math.abs　　作用：用来计算一个数的绝对值。

Math.round　　作用：方法将一个浮点数四舍五入为最接近的整数。

Math.min、Math.max 最大、最小值函数

作用：取两个数中较小的一个数，或较大的一个数。

Math.sqrt　　作用：计算一个数的平方根。

Math.random( )　作用：返回一个大于或等于0并且小于1的随机浮点数。

例如Math.random( ) *5

8.1.3　任务实现——随机泡泡动画的制作

8.1.3.1　任务知识分析

使用椭圆工具、渐变工具以及画笔工具实现对静态泡泡的制作，再利用扩展类控制泡泡随机的产生，同时利用Action Sprit脚本实现随机生成大小、透明度、位置不同，以及从下往上升起的泡泡动画，动画效果如图8-7所示。

8.1.3.2　任务操作

（1）文档背景的创建。

① 新建一个Animate空白文档，执行“修改文档”菜单命令，打开“文档

图8-7　随机泡泡

设置”对话框，在对话中将“尺寸”设置为500像素（宽度）×375像素（高度），并将“背景颜色”设为黑色。

② 执行“文件”→“导入”→“导入到舞台”菜单命令，将背景图片“泡泡背景.jpg”导入到舞台上，并转换为图片元件，设置不透明度为70%。

（2）静态泡泡的制作。

① 执行“插入”→“新建元件”菜单命令，打开“创建新元件”对话框，然后在“名称”文本框中输入 Move Ball，在类型下拉列表中选择“影片剪辑”选项。

② 使用“椭圆工具”在工作区中一个无边的椭圆，填充色为任意色的。打开“颜色”面板，将“填充类型”设为“径向渐变”，并把调色条左端的调色块色设为白色，把右端的调色块设为蓝色（#5DF3F3），并将其Alpha值设为80%，然后使用“料桶工具”填充小圆（图8-8）。

③ 新建图层2，使用“画笔工具”在气泡上绘制两个如图8-9所示的无规则白色几何图形。

（3）扩展类的制作。

① 打开“库”面板，在影片剪辑元件Move Ball上单击鼠标右键，在弹出的快捷菜单中选择“属性”命令，打开“元件属性”对话框，单击高级按钮，勾选“为 Action Script导出”选项，如图8-10所示，完成后单击“确定”。

② 这样就新建了一个 Action Script文件，并按Ctrl＋S组合键将其保存到主文件同一个目录中，文件名为Move Ball，然后在 Move Ball.as中输入如图

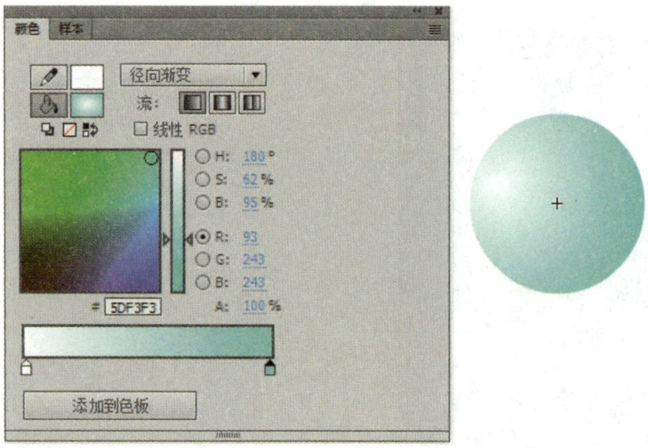

图8-8　渐变填充

图8-9　白色几何图形

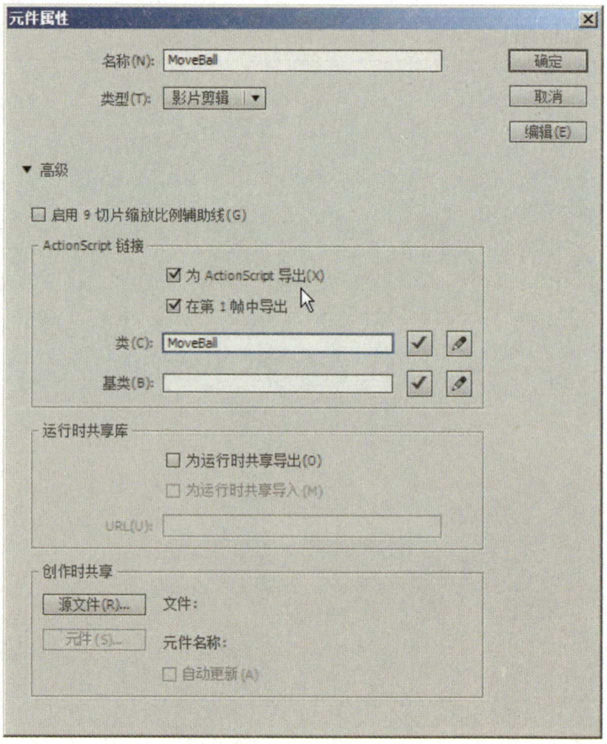

图8-10　文件属性选项

8-11所示的代码；再按Ctrl+S组合键将其保存为Move Ball.as扩展类，这就是Move Ball元件类的扩展类。

（4）随机气泡的生成。

① 返回主场景，新建“图层2”，在该层的第1帧，按下F9键打开“动作”面板，输入如图8-12所示的代码。

② 保存文件，并按Ctrl + Enter组合键，欣赏实例最终效果。

至此，随机泡泡动画已完成。

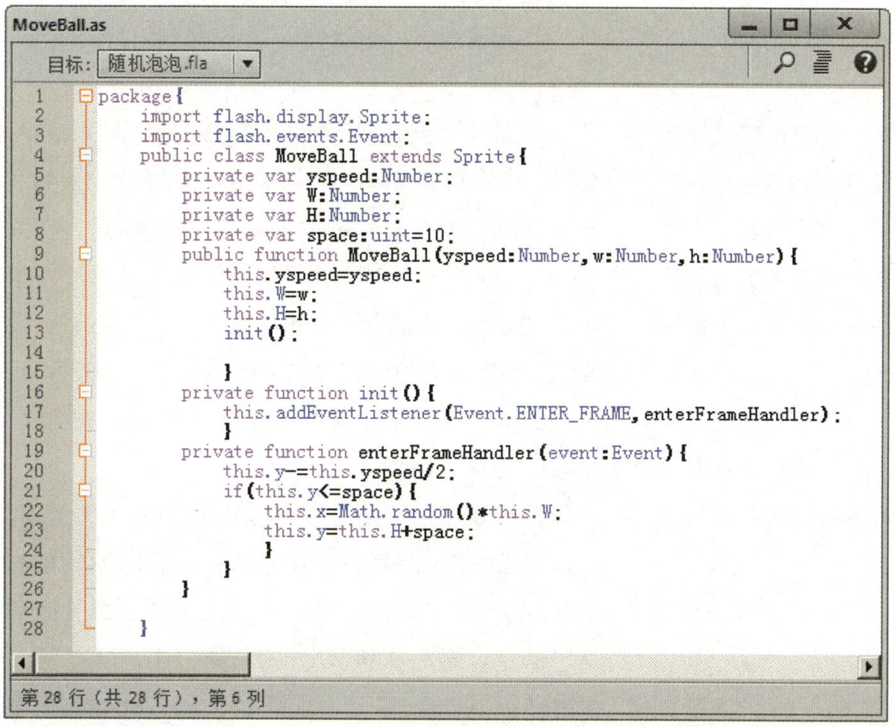


```
package{
    import flash.display.Sprite;
    import flash.events.Event;
    public class MoveBall extends Sprite{
        private var yspeed:Number;
        private var W:Number;
        private var H:Number;
        private var space:uint=10;
        public function MoveBall(yspeed:Number,w:Number,h:Number){
            this.yspeed=yspeed;
            this.W=w;
            this.H=h;
            init();

        }
        private function init(){
            this.addEventListener(Event.ENTER_FRAME,enterFrameHandler);
        }
        private function enterFrameHandler(event:Event){
            this.y-=this.yspeed/2;
            if(this.y<=space){
                this.x=Math.random()*this.W;
                this.y=this.H+space;
                }
            }
        }

    }
```

图8-11　扩展类

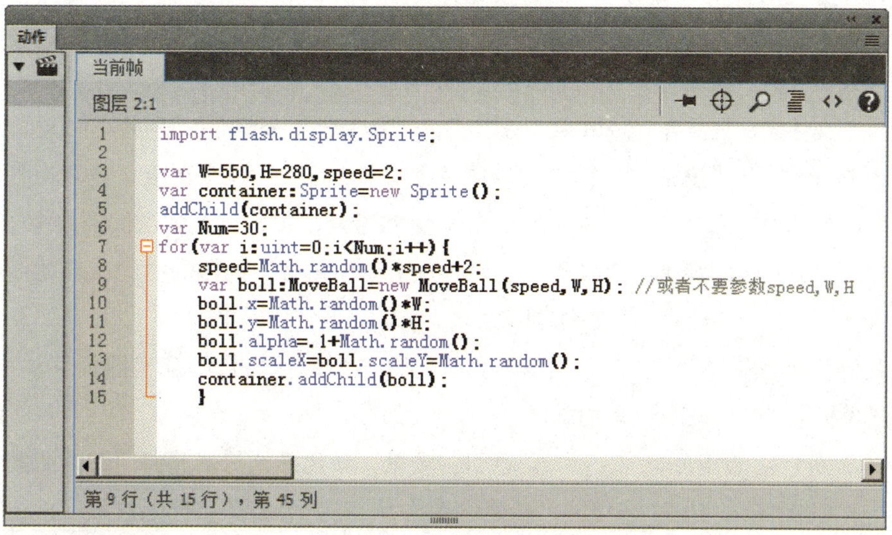


```
import flash.display.Sprite;

var W=550,H=280,speed=2;
var container:Sprite=new Sprite();
addChild(container);
var Num=30;
for(var i:uint=0;i<Num;i++){
    speed=Math.random()*speed+2;
    var boll:MoveBall=new MoveBall(speed,W,H); //或者不要参数speed,W,H
    boll.x=Math.random()*W;
    boll.y=Math.random()*H;
    boll.alpha=.1+Math.random();
    boll.scaleX=boll.scaleY=Math.random();
    container.addChild(boll);
    }
```

图8-12　随机生产

8.2 交互式动画案例——图片切换的制作

Animate动画的交互性就是用户通过菜单、按钮、键盘和文字输入等方式，来控制动画的播放。交互是为了用户与计算机之间产生互动性，使计算机对互相的指示做出相应的反应。交互式动画是动画在播放时支持事件响应和交互功能的一种动画，动画在播放时不是从头播到尾，而是可以接受用户控制的。

8.2.1.1 任务知识分析

主要根据所提供的素材制作一个图片切换播放器；导入相应的图片及转换为相应按钮，运用元件再完成相框制作，并基于补间动画在不同图层和不同时间帧上实现大图片的切换；运用按钮及影片剪辑元件“缩略图集合”及“图片菜单”的制作，通过实例的定义及代码实现对图片的切换控制。

绘制图片切换，当用户单击下面的缩略图时，将在上方显示对应的大图，当用户单击缩略图左右两侧的箭头按钮时，可查看更多的缩略图。参考效果见“图片切换制作.exe”。

8.2.1.2 任务操作

（1）文档创建及前期准备。

① 选择“新建”→“新建文档”→“新建文档”对话框→“类型”选择Action Script 3.0，将文档保存为“手动控制电子相册制作.fla”，舞台大小为530×490。

② 在库中新建文件夹“照片”及文件夹“按钮”，将素材中的照片导入库中的“照片”文件夹，在文件夹“按钮”中新建8个按钮元件“按钮1”至“按钮8”，并依次将“照片”文件夹中的“photo01.jpg”至“photo08.jpg”拖入各个按钮元件“弹起”帧的编辑区，并中部居中。

（2）剪辑元件“相册展示”的制作。

①新建图形元件“相框”，背景为灰色“#333333”，绘制一个宽高分别为514、390的银灰色空心矩形，填充为空，笔触为15，颜色为灰色“999999”，边角半径为5。

② 新建影片剪辑元件“相册展示”，背景为灰色“#333333”，将图层1改名为“起始”，在第1帧处将按钮1元件拖入该元件“相册展示”。

③ 新建图层“相框”，在第1帧处插入“相框”元件，并调整其中部居中，将图层延伸到第320帧。

④ 新建图层“起始代码”，在第1帧处添加代码“stop( );”。

⑤ 新建“图片1”图层，在第2帧插入关键帧，拖入“按钮1”元件，并中部居中，调整大小达到适合相框内，并在第41帧插入“空白关键帧”，在第2～40帧间执行“创建补间动画”命令，最后在第20、40帧处右击选择“插入关键帧”→“全部”，设置第2、20、40帧的亮度为-90%、-20%、0%。

⑥ 新建图层“动作1”，在第40帧插入关键帧，并添加代码“stop( ); ”。

⑦ 新建图层“图片2”，在第41帧插入关键帧，拖入“按钮2”元件，并中部居中，将时间轴延长至第80帧处，在第41～80帧间执行“创建补间动画”命令，最后在第60、80帧处右击选择“插入关键帧”→“全部”，设置第41、60、80帧的亮度为-90%、-20%、0%。

⑧ 新建图层“动作2”，在第80帧插入关键帧，并添加代码“stop( ); ”。

⑨ 按照同样的方法，制作其余6张图片的动画效果，依次插入“图片3”“动作3”“图片4”“动作4”……“图片8”“动作8”共12个图层，设置每张图片的动作长度为39帧，起始位置依次间隔40帧，以及上方都有一个动作图层，最终的时间状态如图8-13所示。

（3）剪辑元件“缩略图集合”及“图片菜单”的制作。

① 返回主场景，新建影片剪辑元件“缩略图集合”，新建“图层1”至“图层8”，分别放入“按钮1”至“按钮8”，分别在属性面板中设置其实例名称

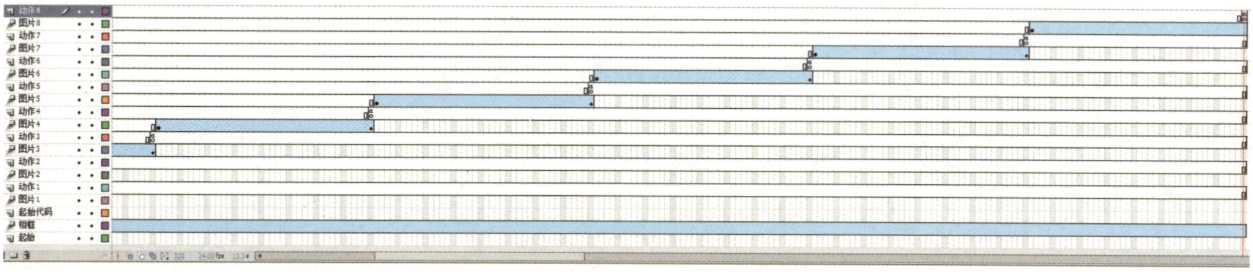

图8-13　时间状态

图8-14　缩略图集合

图8-15　缩略图集合按钮

图8-16　主场景图片

为btn_1至btn_8，其宽度为100，高度为75，并且垂直居中对齐，等间隔水平分布（间隔值为10）（图8-14）。

② 新建按钮元件“右箭头”，绘制向右的箭头 ；同理绘制向左的按钮元件“左箭头”箭头。

③ 新建图形元件“遮罩”，绘制一个宽为430、高为90的蓝色矩形。

④ 新建影片剪辑元件“图片菜单”，新建3个图层。

在“图层1”放入“缩略图集合”影片剪辑元件，并中部居中，“缩略图集合”元件的实例名为pics。

在“图层2”上放入“遮罩”图形元件，使得“遮罩”图形元件恰好遮盖住“缩略图集合”影片剪辑元件的前4张缩略图。

在“图层3”中拖入按钮元件“左箭头”和“右箭头”，设置“左箭头”和“右箭头”按钮元件的实例名为larrow和rarrow，其Alpha都为50%（图8-15）。

⑤ 将“图层2”设置为“图层1”的遮罩层。

（4）主场景图片切换的代码控制。

① 返回主场景，新建“菜单”和“展示”图层，舞台大小为550×500，将“图片菜单”元件拖入“菜单”图层，设置其实例名称为“menu”；将“相册展示”元件拖入“展示”，设置其实例名为display（图8-16）。

② 新建图层“sound”，将声音文件“sound.mp3”拖入，设置“同步”方式为“事件”和“循环”。

③ 新建图层“动作”，添加如下代码：

```
menu.larrow.addEventListener(MouseEvent.CLICK, lmove);
function lmove(event: MouseEvent): void
{
    if(menu.pics.x>=-0)
    {}
    else{
    menu.pics.x=menu.pics.x+110;
    }
};

menu.rarrow.addEventListener(MouseEvent.CLICK, rmove);
function rmove(event: MouseEvent): void
{
    if(menu.pics.x<=-401)
    {}
    else
    {
    menu.pics.x=menu.pics.x-110;
    }
};

menu.pics.btn_1.addEventListener(MouseEvent.CLICK, moving1)
function moving1(event: MouseEvent): void
{
    display.gotoAndPlay(2);
};

menu.pics.btn_2.addEventListener(MouseEvent.CLICK, moving2)
function moving2(event: MouseEvent): void
{
    display.gotoAndPlay(41);
};

menu.pics.btn_3.addEventListener(MouseEvent.CLICK, moving3)
function moving3(event: MouseEvent): void
{
```

```
    display.gotoAndPlay(81);
};

menu.pics.btn_4.addEventListener(MouseEvent.CLICK，moving4)
function moving4(event：MouseEvent)：void
{
display.gotoAndPla. (121);
};

menu.pics.btn_5.addEventListener(MouseEvent.CLICK，moving5)
function moving5(event：MouseEvent)：void
{
    display.gotoAndPlay(161);
};

menu.pics.btn_6.addEventListener(MouseEvent.CLICK，moving6)
function moving6(event：MouseEvent)：void
{
    display.gotoAndPlay(201);
};

menu.pics.btn_7.addEventListener(MouseEvent.CLICK，moving7)
function moving7(event：MouseEvent)：void
{
    display.gotoAndPla. (241);
};

menu.pics.btn_8.addEventListene. (MouseEvent.CLICK，moving8)
function moving8(event：MouseEvent)：void
{
    display.gotoAndPla. (281);
};
```

至此，网页中经常出现图片切换的制作已全部完成，在制作过程中特别注意对元件实例的准确定义，以及缩略图中按钮元件的坐标的准确性，最后代码输入时应特别注意所有字符的英文输入。

课后练习

制作美食在线

使用“颜色”面板和“矩形”工具，绘制按钮效果；使用“文本”工具，添加输入文本框；使用“动作”面板，为按钮元件添加脚本语言。最终效果如图8-17所示。

图8-17　最终效果图

项目9
组件和动画预设

素材　　PPT 课件

学习目标

1. 了解组件及组件的设置。
2. 掌握动画预设的应用、导入、导出和删除。
3. 利用组件、不同的动画预设等功能实现动画效果的制作。

9.1　组件

9.1.1　任务引入

在 Animate CC中，系统预先设定了组件和动画预设命令功能来协助用户制作动画，以提高效率。组件是一些复杂的带有可定义参数的影片剪辑符号。一个组件就是一段影片剪辑，其中所带的参数由用户在创作Flash影片时进行设置，其中所带的动作脚本API供用户在运行时自定义组件。组件在让开发人员重用和共享代码，封装复杂功能，让用户在没有“动作脚本”时，使用和自定义这些功能。

本部分内容主要如何应用系统自带的功能，实现房地产广告动画，即利用组件和预设功能，而事半功倍地画制作。

9.1.2　知识引入

9.1.2.1　Animate组件

组件可以是单选按钮、对话框、下拉列表、预加载栏甚至是根本没有图形的某个项，如定时器、服务器连接实用程序或自定义XML分析器等。

对于编写Action Script不熟悉的用户，可以直接向文档添加组件。添加的组件可以在“属性”面板中设置其参数，然后可以使用“代码片段”面板处理其事件。

用户无须编写任何Action Script代码，就可以将“转到Web页”行为附加到一个Button组件，用户单击此按钮时会在Web浏览器中打开一个URL。

创建功能更加强大的应用程序，可通过动态方式创建组件，使用Action Script在运行时设置属性和调用方法，还可使用事件侦听器模型来处理事件。

首次将组件添加到文档时，Animate会将其作为影片剪辑导入“库”面板中，还可以将组件从“组件”面板直接拖曳到“库”面板中，然后将其实例添加到舞台上。在任何情况下，用户都必须将组件添加到库中，才能访问其类元素。

9.1.2.2 组件设置

选择“窗口→组件”命令，或按Ctrl+F7组合键，弹出“组件”面板。Animate CC提供了两类组件，用于创建界面的User Interface类组件和控制视频播放的Video组件（图9-1）。

在“组件”面板中双击要使用的组件或者选中要使用的组件拖曳到舞台中，组件则显示在舞台窗口中（图9-2）。

在舞台窗口中选中组件，或者按Ctrl+F3组合键，则弹出“属性面板”，如图9-3左图所示，并且可以在其下拉列表中选择相应的选项，如图9-3右图所示。

9.1.2.3 动画预设使用

动画预设是预配置的补间动画，可以将它们应用于舞台上的对象。您只需选择对象，并单“动画预设”面板中的“应用”按钮，即可为选中的对象添加动画效果。

使用动画预设是学习在Animate中添加动画的基础知识的快捷方法，一旦了解预设的工作方式后，自己制作动画就变得更加容易了。

用户可以创建并保存自己的自定义预设后，就可以自己修改现有动画预设，也可以用在自己的创建的自定义补间动画。

使用“动画预设”面板，还可导入和导出预设。用户可以与协作人员共享预设，或利用由Animate社区成员共享的预设。

9.1.2.4 预览动画预设

Animate的每个动画预设都包括预览，可在“动画预设”面板中查看其预览。通过预览，用户可以了解在将动画应用于FLA文件中的对象时所获得的结果。对于用户创建或导入的自定义预设，可以添加自

图9-1 组件

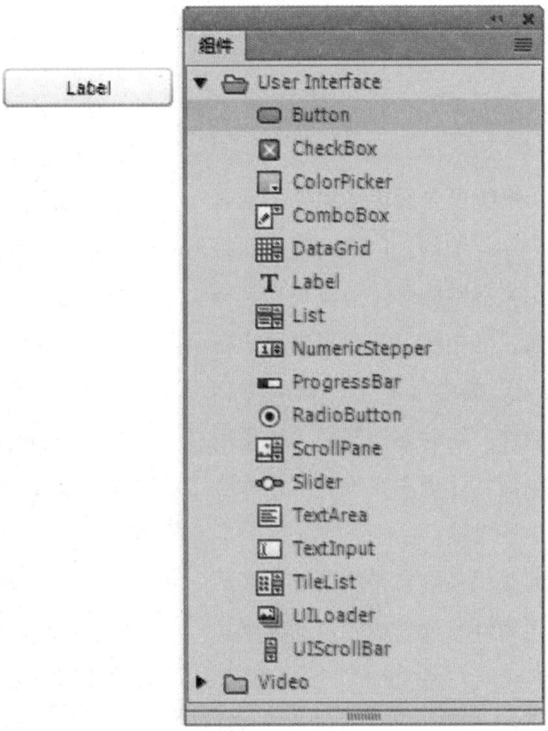

图9-2 组件使用

己的预览。

选择“窗口→动画预设”命令，弹出“动画预设”面板，如图9-4所示。单击“默认预设”文件夹前面的倒三角，展开默认预设选项，选择其中一个默认的预设选项，即可预览默认动画预设。要停止预览播放，在“动画预设”面板外单击即可。

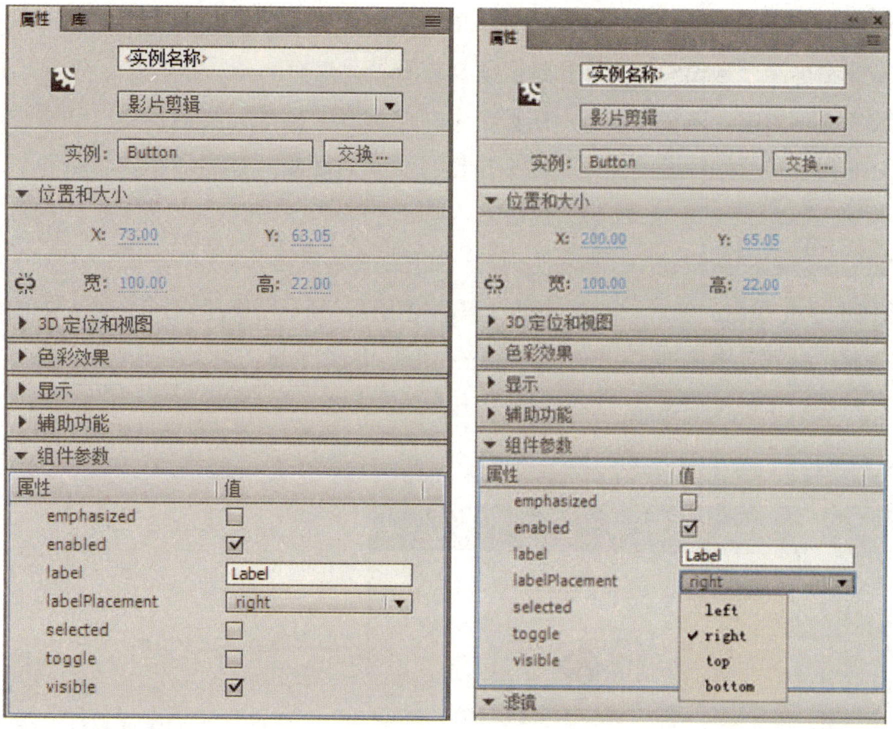

图9-3 属性面板

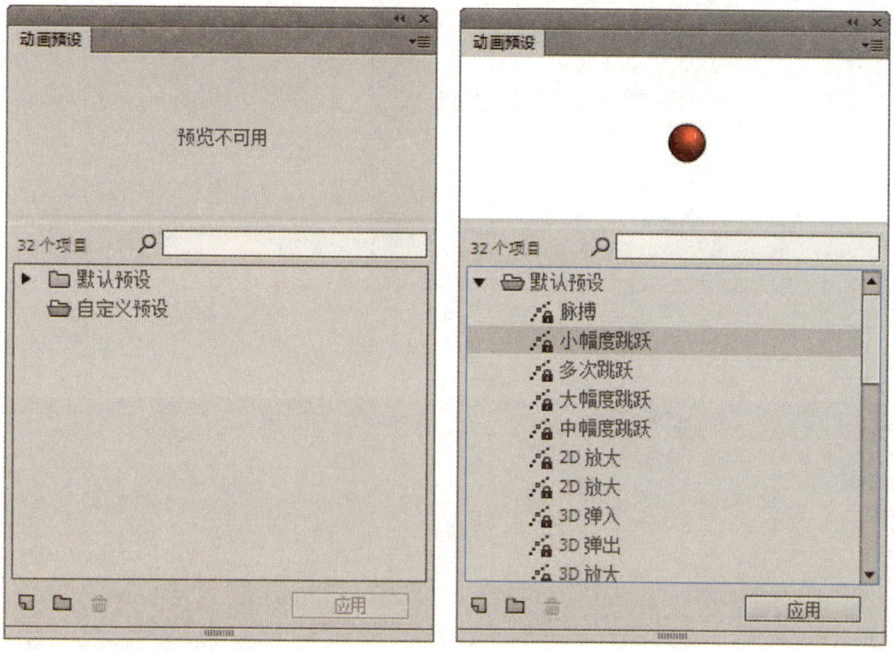

图9-4 “动画预设”面板

9.1.2.5 应用动画预设

在舞台上选中可补间的对象（元件实例或文本字段）后，可单击“应用”按钮来应用预设。每个对象只能应用一个预设。若将第二个预设应用于相同的对象，则第二个预设将替换第一个预设。

一旦将预设应用于舞台上的对象后，在时间轴中创建的补间就不再与“动画预设”面板有任何关系了。在“动预设设”面板中删除或重命名某个预设对以前使用该预设创建的所有补间没有任何影响。若在面板中的现有预设上保存新预设，它对使用原始预设创建的任何补间没有影响。

每个动画预设都包含特定数量的帧。在应用预设时，在时间轴中创建的补间范围将包含此数量的帧。若目标对象已应用了不同长度的补间，补间范围将进行调整，以符合动画预设的长度。可在应用预设后调整时间轴中补间范围的长度。

例如：选择“文件→打开”命令，在对话框中选择“01.fla”文件，打开文件，在时间轴面板中的“图层1”上新建“图层2”，将“库”面板中的图形元件“网球”拖曳到舞台中间偏上适当位置；

选择“窗口→动画预设”命令，弹出“动画预设”面板。单击“默认预设”文件夹前面的倒三角，展开默认预设选项。

在舞台窗口中选择“网球”实例，在“动画预设”面板中选择“快速跳跃”选项。单击“动作预设”面板右下角的“应用”按钮，为“网球”实例添加动画预设，如图9-5所示。

延长背景“图层1”到“图层2”对应的帧，如图9-6所示。按Ctrl+Enter组合键，测试动画效果，在动画中网球会自上向下降落，再次弹出落下的状态。

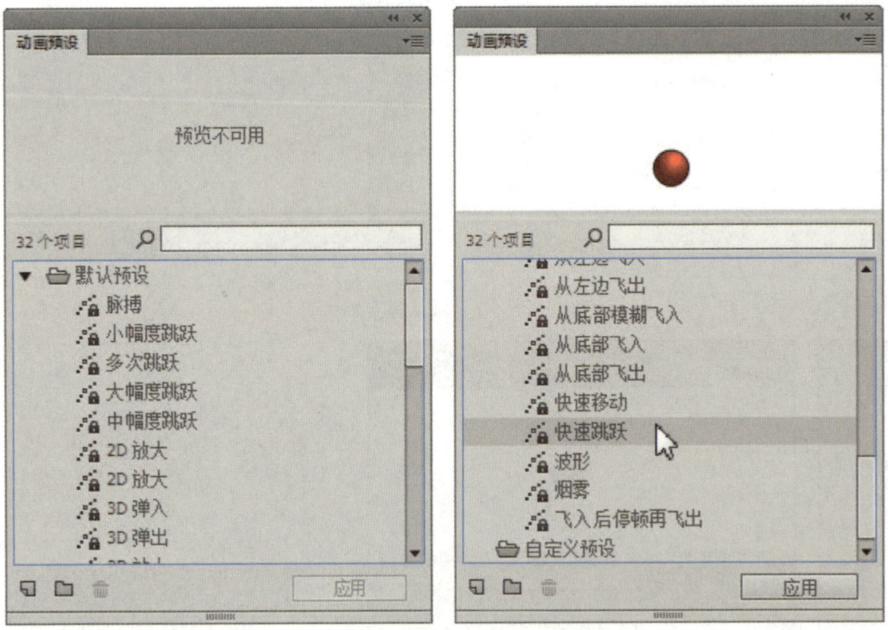

图9-5 添加动画预设

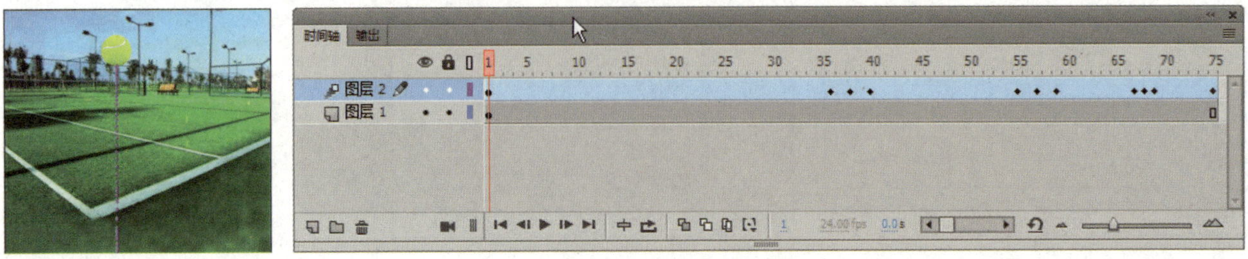

图9-6 设置效果

9.1.2.6　自定义动画预设

如果用户想将自己创建的补间，或对从“动画预设”面板应用的补间进行更改，可将它另存为新的动画预设。新预设将显示在“动画预设”面板中的“自定义预设”文件夹中。

9.1.2.7　导入导出动画预设

在Animate CC中动画预设除了默认预设和自定义预设外，设计人员还可以通过导入和导出的方式添加动画预设。

（1）导入动画预设。动画预设存储为XML文件，导入 XML 补间文件可将其添加到“动画预设”面板。单击“动画预设”面板右上角的选项按钮，在弹出的菜单中选择“导入”命令，如图9-7所示，在弹出的“导入动画预设”对话框中选择要导入的文件，如图9-8所示。

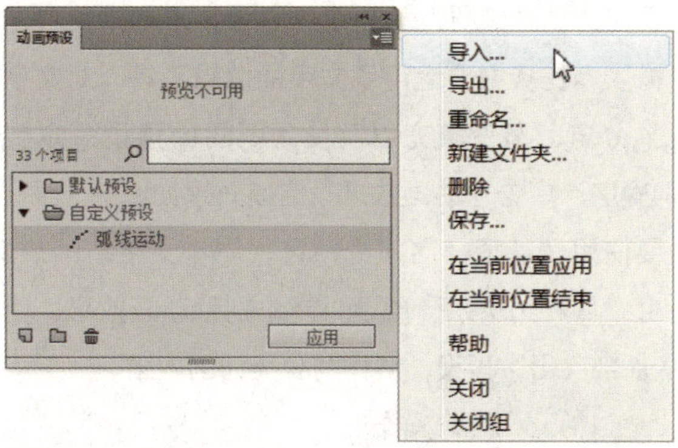

图9-7　导入命令

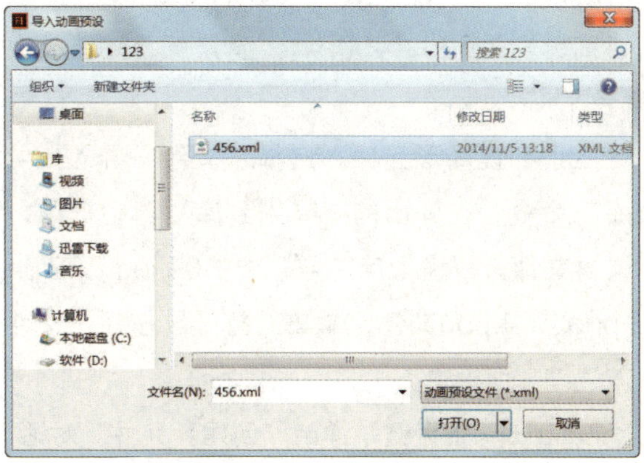

图9-8　选择导入文件

单击“打开”按钮，456.xml预设会被导入“动画预设”面板中（图9-9）。

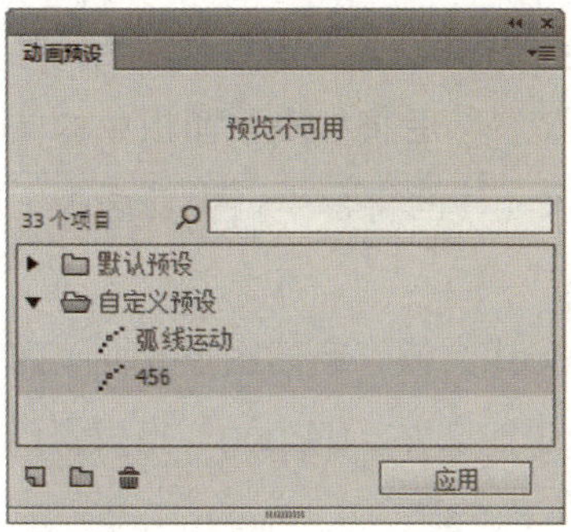

图9-9　导入结果

（2）导出动画预设。在Animate CC中除了导入动画预设外，还可以将制作好的动画预设导出为XML文件，以便与其他用户共享。

在“动画预设”面板中选择需要导出的预设，单击“动画预设”面板右上角的选项按钮，或者右击，在弹出的菜单中选择“导出”命令。在弹出的“另存为”对话框中，为XML文件选择保存位置及输入名称（图9-10），单击“保存”按钮即可完成导出预设。

可从“动画预设”面板中删除预设。在删除预设时，Animate将从磁盘中删除其XML文件。请考虑制

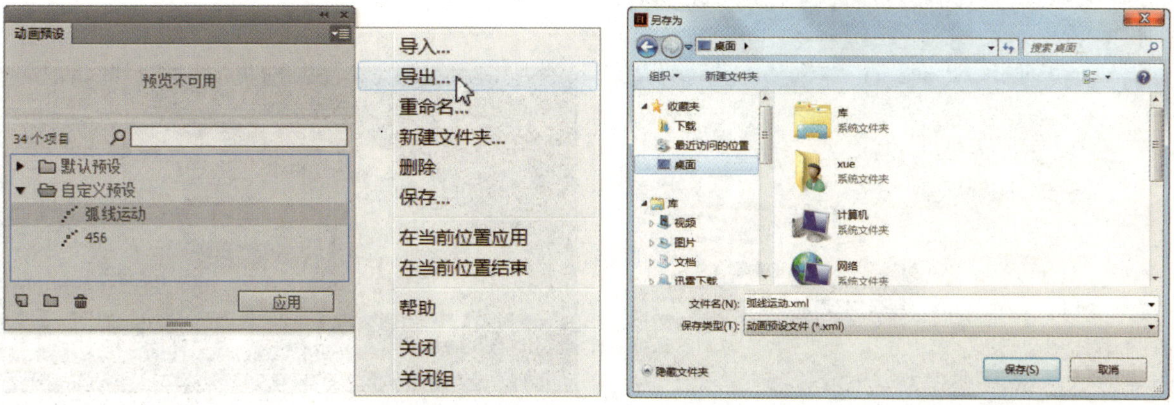

图9-10　导出动画预设过程

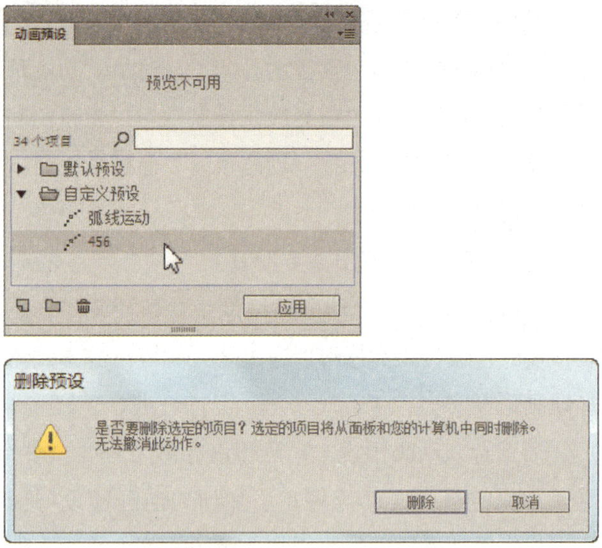

图9-11　删除动画预设过程

作以后再次使用的预设的备份，方法是先导出这些预设的副本。

在“动画预设”面板中选择需要删除的预设，单击面板下方的“删除项目”按钮，系统将会弹出“删除预设”对话框，单击“删除”按钮，即可将选中的预设删除（图9-11）。

9.1.3　任务实现——别墅房产广告

9.1.3.1　任务知识分析

Animate的每个动画预设都包括预览，可在“动画预设”面板中查看其预览。通过预览，用户可以了解在将动画应用于FLA文件中的对象时所获得的结果。对于用户创建或导入的自定义预设，可以添加自己的预览。本任务主要运用了文字的编辑工具，对文字进行了分离、渐变填充以及使用不同的预设命令制作“别墅房产广告”动画效果，完成效果如图9-12所示。主要使用“从顶部飞入”预设，制作文字动画效果，使用“从右边飞入”预设，制作别墅动画效果，使用“从顶部飞出”预设，制作蒲公英动画效果。

9.1.3.2　任务操作

（1）创建文档。新建文件，在弹出的“新建文档”对话框中选择“Action Script 3.0”选项，设置宽、高分别是600、400px，“背景颜色”选项设为“黑色”。

（2）创建图形元件。选择“文件→导入→导入到库”命令，在弹出的“导入到库”对话框中，选择素材文件夹“房地产广告”中的01.jpg、02.png、03.png、04.png文件，单击“打开”按钮，文件将导入“库”面板中。

按Ctrl+F8组合键，弹出“创建新元件”对话框，在“名称”选项的文本框中输入“楼房”，在“类型”选项下拉列表中选择“图形”选项，单击“确定”按钮，新建图形元件“楼房”。舞台窗口也随之转换为图形元件的舞台窗口，然后将“库”面板中的文件“02.png”拖曳到该元件的舞台中，中部居中（图9-13）。

同理，按Ctrl+F8组合键，新建图形元件“蒲公英”，将“库”面板中的文件“04.png”拖曳到该元件的舞台中，中部居中。

图9-12　广告效果

图9-13　“楼房”图形元件

同理，按Ctrl+F8组合键，新建图形元件“文字”，随之转换为图形元件的舞台窗口，然后选“文本”工具，在文本工具“属生”面板中进行设置，在舞台窗口中适当的位置输入大小为30，字体为“方正兰亭粗黑简体”的白色文字，以及在下一行适当位置输入大小为20，字体为“方正姚体”的白色文字，其效果如图9-14所示，其中文字“喧闹”“空气”大小设置为40，“品味”“绿色”大小设置为30。

（3）场景“楼房”动画的制作。在“场景1”的舞台窗口，将“图层1”图层重命名为“底图”;

在“场景1”的舞台窗口，将“库”面板的文件“01.jpg”拖曳到“底图”图层第1帧处，并将该图层按F5延长到75帧。

在“底图”图层上方，新建图层“楼房”，将“库”面板中的图形元件“楼房”拖曳到舞台窗口中，如图9-15所示。

保持“楼房”实例的选取状态，选择“窗口动画预设”命令，弹出“动画预设”面板，如图9-16所示，单击“默认预设”文件夹前面的倒三角，展开默认预设，如图9-17所示。

在“动画预设”面板中，选择“从右边飞入”选项（图9-17），单击“应用”按钮。

图9-14 “文字”元件效果

图9-15 楼房图层

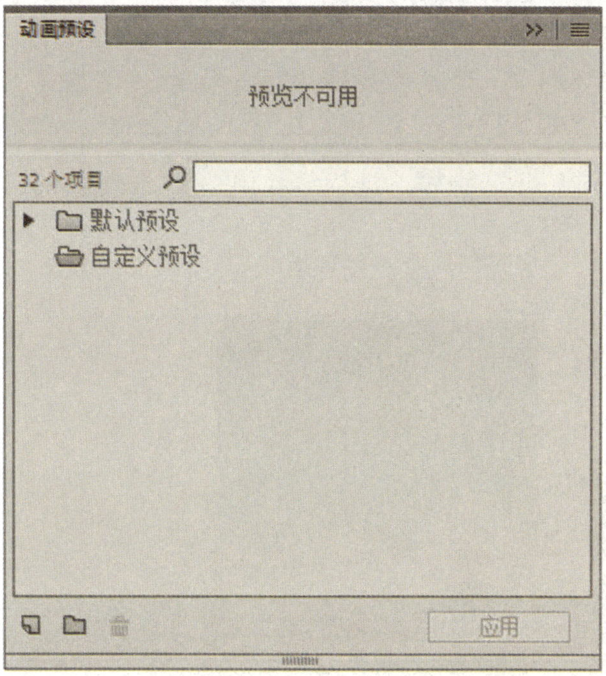

图9-16 默认预设

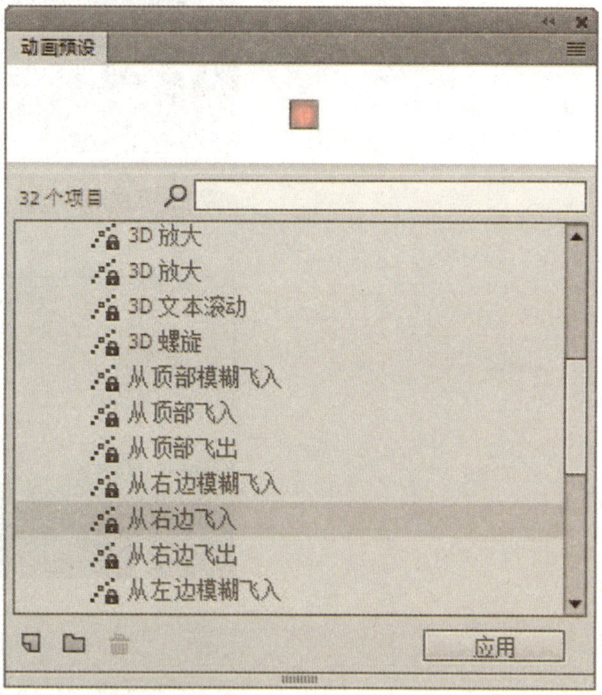

图9-17 展开默认预设

选中“楼房”图层的第1帧，在舞台窗口中将“楼房”实例水平向右拖曳到适当位置，效果如图9-18所示。

选中“楼房”图层的第24帧，在舞台窗口中将“楼房”实例水平向右拖曳到适当位置，如图9-18所示。

（4）场景“蒲公英”动画的制作。在“楼房”图层上方，新建图层“蒲公英”，将“库”面板的文件“03.png”拖曳到“蒲公英”图层的第1帧处，位置左下角（图9-19）。

新建图层“蒲公英飞舞”，将“库”面板的图形元件“蒲公英”拖曳到“蒲公英飞舞”图层的第1帧处，位置左下角。保持“蒲公英”实例的选择状态，在“动画预设”面板中，选择“从顶部飞出”选项，单击“应用”按钮，分别调整第1帧和第24帧处的位置（图9-20）。

图9-18 “楼房”效果

图9-19 蒲公英

图9-20 蒲公英飞舞

（5）场景“文字”动画的制作。在“时间轴”最上方，新建图层“文字”，将“库”面板的图形元件“文字”拖曳到“文字”图层的第1帧处，位置中部顶部。保持“文字”实例的选取状态，在“动画预设”面板中，选择“从顶部飞入”选项，单击“应用”按钮，舞台窗口中的效果如图9-21所示。

选中“文字”图层的第1帧，在舞台窗口中将“文字”实例垂直向上拖曳到适当位置；选中“文字”图层的第24帧，在舞台窗口中将“文字”实例垂直向上拖到适当位置，如图9-22所示。

选中所有图层的第75帧，按F5键，插入普通帧。至此，所有效果制作完成，可以按Ctrl+Enter组合键查看效果。

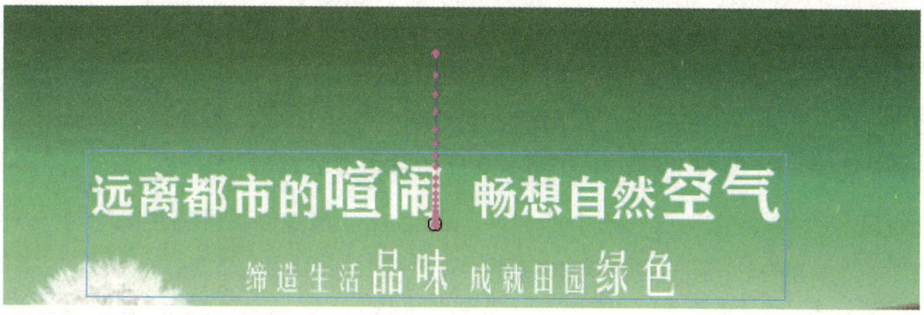

图9-21　文字图层效果

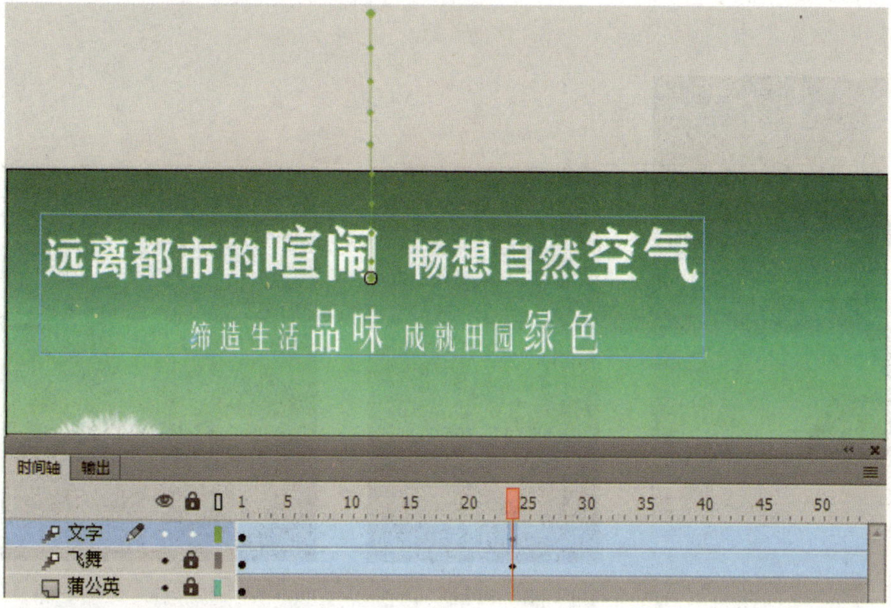

图9-22　文字最终效果

9.2 动画预设的应用——啤酒广告

9.2.1.1 任务知识分析

运用Animate常用工具、元件及组件、动画预设功能，达到“从左边飞入”和“从右边飞入”预设，制作啤酒进入动画效果；使用“从顶部飞入”预设，制作LOGO入场动画效果；使用“从底部飞入”预设，制作星光入场动画效果。其动画效果的制作，如图9-23所示。

9.2.1.2 任务操作

（1）文档创建及素材导入。新建文件，在弹出的“新建文档”对话框中选择“Action Script 3.0”选项，设置宽、高分别为720、576，“背景颜色”设为“黑色”。

选择“文件→导入→导入到库”命令，在对话框中，将素材文件夹“啤酒广告”中的01.jpg、02.png、03.png、04.png全部导入库中。

（2）创建图形元件。按Ctrl+F8组合键，弹出“创建新元件”对话框，在“名称”选项的文本框中输入“啤酒”，在“类型”选项下拉列表中选择“图形”选项，单击“确定”按钮，新建图形元件“啤酒”。舞台窗口也随之转换为图形元件的舞台窗口，然后将“库”面板中的文件“02.png”拖曳到该元件的舞台中，并中部居中，如图9-24所示。

同理，按Ctrl+F8组合键，新建图形元件“啤酒2”，随之转换为图形元件的舞台窗口，将“库”面板中的文件“02.png”拖曳到该元件的舞台中，对齐中部居中，变形旋转40°（图9-25）。

同理，按Ctrl+F8组合键，新建图形元件“LOGO”，随之转换为图形元件的舞台窗口，将“库”面板中的文件“03.png”拖曳到该元件的舞台中，对齐中部居中。

同理，按Ctrl+F8组合键，新建图形元件“星光”，随之转换为图形元件的舞台窗口，将“库”面板中的文件“04.png”拖曳到该元件的舞台中，对齐中部居中。

（3）场景“啤酒”的制作。返回主场景，将“图层1”重命名为“底图”，再将库中文件“01.jpg”拖入底图第一帧处，对齐为中部居中，并插入普通帧延长到120帧。

新图层“啤酒”，从库中拖入图形元件“啤酒”到该图层中，并放在适当位置，保持“啤酒”实例的

图9-23 啤酒广告

图9-24 “啤酒”图形元件

图9-25 “啤酒2”图形元件

选择状态，在“动画预设”面板中，选择“从左边飞入”选项，单击“应用”按钮，分别调整该实例第1帧位置在左场景外，调整该实例第24帧在场景中适当位置（图9-26）。

新图层“啤酒2”，从库中拖入图形元件“啤酒2”到该图层中，并放在适当位置，保持“啤酒2”实例的选择状态，在“动画预设”面板中，选择”从右边飞入”选项，单击“应用”按钮，分别调整该实例第1帧位置在右场景外适当位置，调整该实例第24帧在场景中适当位置（图9-27）。

（4）场景“LOGO”的设计。新图层“LOGO”，在第24帧处按F6插入“空白关键帧”，从库中拖入图形元件“LOGO”到该图层中的第24帧处，并放在适当位置，保持“LOGO”实例的选择状态，在“动画预设”面板中，选择“从顶部飞入”选项，单击“应用”按钮，分别调整该实例第24帧位置在顶部场景外适当位置，调整该实例第47帧在场景中适当位置（图9-28）。

（5）场景“星光”的设计。新图层“星光”，在第47帧处按F6插入“空白关键帧”，从库中拖入图形元件“星光”到该图层中的第47帧处，并放在适当位置，保持“星光”实例的选择状态，在“动画预设”面板中，选择“从底部飞入”选项，单击“应用”按钮，分别调整该实例第47帧位置在底部场景外适当位置，调整该实例第70帧在场景中适当位置（图9-29）。

至此，该广告制作完成，可以按Ctrl+Enter进行测试，观察效果是否达到要求。

在上述设置图层操作时，可适当隐藏其他图层，以便观察和调整实例位置，达到更好的效果。

图9-26 啤酒预设

图9-27 啤酒2预设

图9-28 LOGO预计

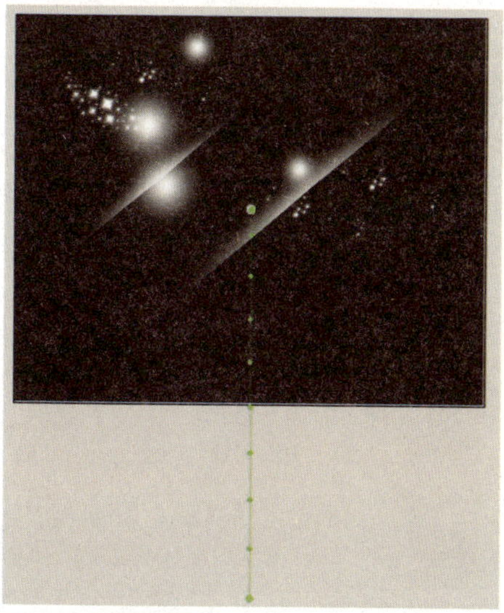

图9-29 星光效果

课后练习

旅游广告

运用Animate常用工具，使用“元件”命令，创建图形元件与影片剪辑；使用“动画预设”面板，制作动画效果如图9-30所示。

图9-30　旅游广告效果图

项目10

电子贺卡制作

素材　　PPT 课件

学习目标

1. 掌握文本的创建和编辑方法。
2. 熟练运用文本的转换来编辑文本。
3. 能将所需知识综合运用，制作各种动画。

10.1　文本编辑

10.1.1　任务引入

Animate CC具有强大的文本输入、编辑和处理功能，制作动画或图形时，常需要利用文字更清楚地表达创作者的意图，而建立和编辑文字必须用Animate CC提供的文字工具才能实现，本任务通过对文字的编辑，制作贺卡图片。

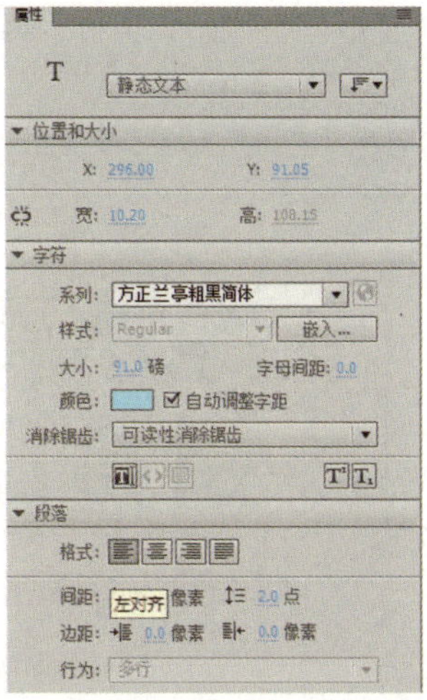

图10-1　文本工具“属性”面板

10.1.2　知识引入

10.1.2.1　创建文本

（1）选择“窗口→属性”命令，弹出文本工具“属性”面板（图10-1）。将光标放置在场景中，单击鼠标，出现文本输入光标，如图输入文字即可，效果如图10-2所示。

图10-2　输入文字

（2）用鼠标在场景中单击并按住鼠标左键，向右下角方向拖曳出一个文本框，松开鼠标，出现文本输入光标（图10-3）。在文本框中输入文字，文字被限定在文本框中，如果输入的文字较多，会自动转到下一行显示（图10-4）。

（3）用鼠标向左拖曳文本框上方的方形控制点，可以缩小文字的行宽，向右拖曳控制点可以扩大文字的行宽（图10-5）。

（4）双击文本框上方的方形控制点，文字将转换成单行显示状态，方形控制点转换为圆形控制点（图10-6、图10-7）。

10.1.2.2　文本“属性”面板

选择“文本”工具T，打开“属性”面板，可以设置文字的各种属性（图10-8）。

10.1.2.3　文本的类型

（1）静态文本。静态文本包括两种：固定文本块（其文本框有宽度限制）和可扩展文本块（其文本框无宽度限制）。在固定文本块中输入文字，当文字达到设置的文本框的宽度后，将自动换行，而不增加文本框的宽度，在可扩展文本块中输入文字，当输入的文字达到设置的文本框的宽度后，并不会自动换行，而是自动延伸文本框的宽度。

选择“静态文本”选项，“属性”面板如图10-9所示。“可选”按钮：选择此项，当文件输出为SWF格式时，可以对影片中的文字进行选取和复制操作。

（2）动态文本。动态文本是相对于静态文本而言的，动态文本框就相当于一个变量，可以赋值。随着变量值的更改，文本框的内容也会随之改变。选择“动态文本”选项，“属性”面板如图10-10所示。动态文本可以作为对象来应用。

① 在“字符”选项组中“实例名称”选项可以设置动态文本的名称。“将

图10-3　文字框

图10-4　换行文字

图10-5　文字行宽

图10-6　文字选择

图10-7　控制点变换

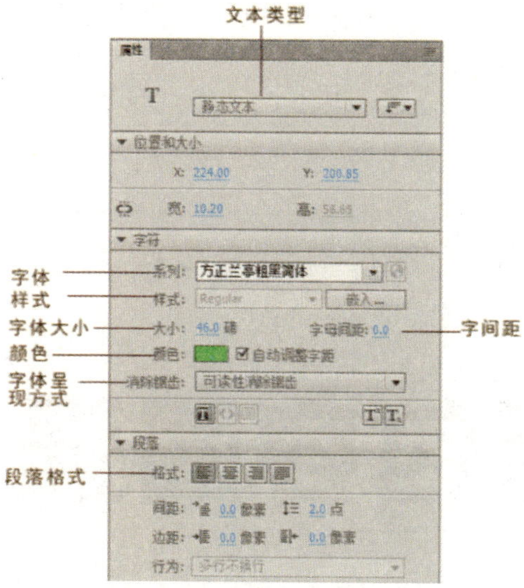

图10-8 文本“属性”面板

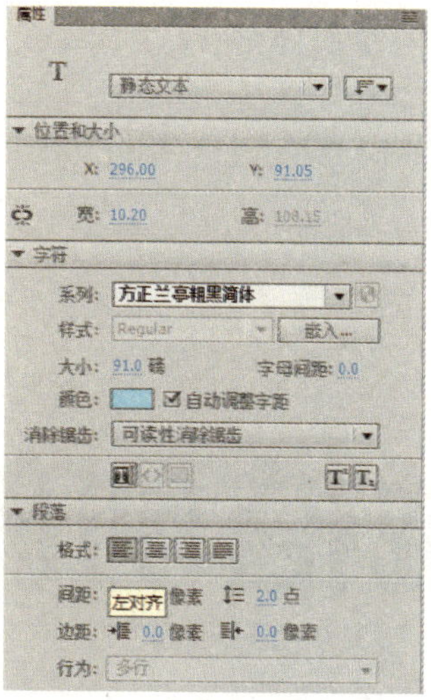

图10-9 静态文本属性面板

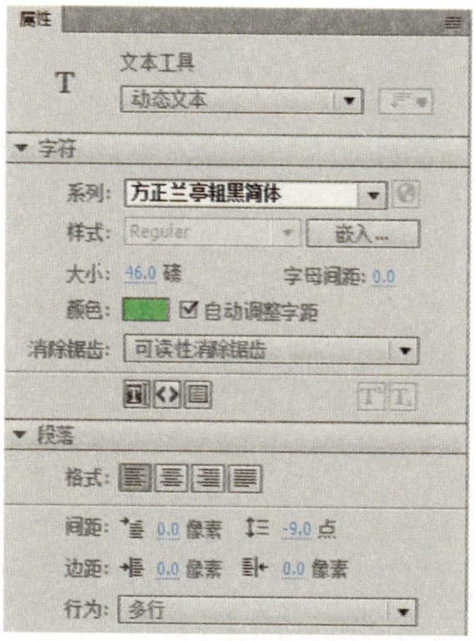

图10-10 动态文本属性面板

文本呈现为HTML”选项，文本支持HTML标签特有的字体格式、超链接等超文本格式。“在文本周围显示边框”选项，可以为文本设置白色的背景和黑色的边框。

② 在“段落”选项组中的“行为”选项包括单行、多行和多行不换行。“单行”文本以单行方式显示。“多行”文本，即输入的文本大于设置的文本限制，输入的文本将被自动换行。“多行不换行”，即输入的文本为多行时，不会自动换行。

③ 在“选项”选项组中的“变量”选项可以将该文本框定义为保存字符串数据的变量。此选项需结合动作脚本使用。

（3）输入文本。输入文本是用来和用户交互的控件，其创建方式和动态文本基本一样，只是它是由外界输入，主要用于接收用户输入的数据。选择“输入文本”选项，“属性”面板如图10-11所示。

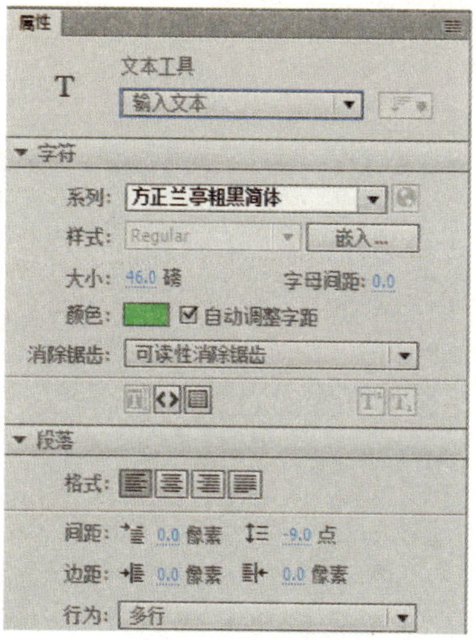

图10-11 输入文本属性面板

① 在“段落”选项组中的“行为”选项新增加了“密码”选项，选择此选项，当文件输出为SWF格式时，影片中的文字将显示为星号。

② 在“选项”选项组中的“最多字符数”选项，可以设置输入文字的最多数值。默认值为0，即为不限制。如设置数值，此数值即为输出SWF影片时，显示文字的最多数目。

10.1.2.4 文本的转换

（1）文本的分离。输入文字后会形成文本块，对于这个文本块，我们只能将其整体放大、缩小、旋转或改变文本块中的文字属性。如果想对文字进行更多的编辑，则需要对文本进行分离，可以将整个文本块分离成一个个的文字，也可以将文字分离得更彻底，这样分离后的文本可以作为图形来进行编辑。比如渐变色的填充、轮廓的填充、文字轮廓的改变等。

选中文字（图10-12），按两次Ctrl+B组合键，将文字打散（图10-13）。

（2）文本的变形。文字输入后会形成文本块，文本块可以进行变形，如缩放，倾斜、旋转、翻转等。变形后的文字依然可以进行编辑，比如设置文本格式，添加文字等。

选择“修改→变形→封奔”命令，在文字的周围出现控制点（图10-14），拖动控制点，改变文字的形状（图10-15），变形完成后文字效果如图10-16所示。

图10-12　文字分离前

图10-13　文字分离后

图10-14　添加“封奔”命令

图10-15　调节控制点

图10-16　调节完成效果

图10-17　分离文字

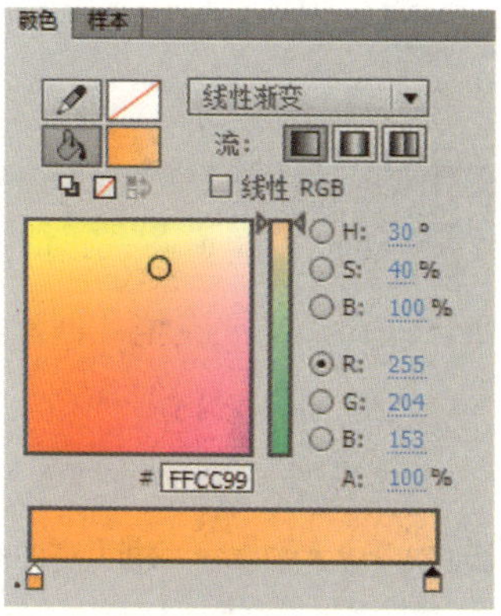

图10-18　设置渐变颜色

图10-19　渐变填充效果

图10-20　墨水瓶设置效果

（3）文本的填充。选中文字，按两次Ctrl+B组合键，将文字打散（图10-17）。

选择“窗口→颜色”命令，弹出“颜色”面板，选择“填出颜色”选项，在“颜色类型”选项中选择“线性”，在颜色设置条上设置渐变颜色（图10-18），文字效果如图10-19所示。

选择“墨水瓶”工具，在墨水瓶工具“属性”面板中，设置线条的颜色和笔触大小，如图10-20左图所示，在文字的外边线上单击，为文字添加外边框，如图10-20右图所示。

10.1.3　任务实现——制作贺卡文字

10.1.3.1　任务知识分析

本任务主要运用了文字的编辑工具，对文字进行了分离、渐变填充、墨水瓶工具描边，然后转换为影片剪辑元件，添加滤镜为文字做投影，制作文字效果，虚化的椭圆通过颜色面板设置线性渐变和调整色块的不透明度，再配合渐变变形工具调整渐变的范围来制作，最终完成贺卡文字图片制作，完成效果如图10-21所示。

图10-21　完成效果

10.1.3.2 任务操作

（1）创建文档。选择“文件→新建”命令，在弹出的“新建文档”对话框中选择“Action Script 3.0”选项，将宽设为600，高设为950，单击“确定”按钮，完成文档的创建。

（2）导入素材。

① 选择“文件→导入→导入到库”命令，在弹出的“导入到库”对话框中选择“素材→制作贺卡文字→1.png”文件。单击“打开”按钮，将文件导入“库”面板中（图10-22）。

② 将“图层1”命名为“背景”，把“库”面板中的位图“1”拖曳到舞台窗口中，“X”轴选项和“Y”轴选项均设为0（图10-23）。

（3）绘制椭圆。

① 在“时间轴”面板中创建新图层，命名为“椭圆”，选择“椭圆”工具，在工具箱中将“笔触颜色”设为无，“填充色”设为浅黄色，在舞台中绘制椭圆（图10-24）。

② 选择“颜色”面板，弹出的对话框，渐变类型选择“径向渐变”，设置“径向渐变”颜色从浅黄色到白色，调整白色“不透明度”为0，移动白色滑块位置，如图10-25所示；填充后效果如图10-26所示。

③ 选择“渐变变现”工具，调整椭圆的填充范围和形状，调整完成效果如图10-27所示。

图10-22 素材导入

图10-23 放置舞台中心

图10-24 绘制椭圆

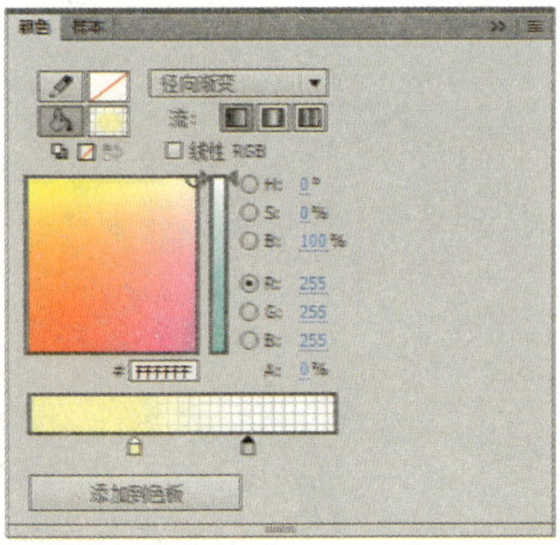

图10-25 颜色面板设置

图10-26 填充后效果

图10-27 调整完成效果

（4）输入文字并打散。

① 在“时间轴”面板中创建新图层，命名为“文字”，选择“文字”工具T，在舞台上输入“我和我的祖国”，并将文字大小设为70，字体为方正平和简体，颜色为黑色，字间距为10（图10-28）。

② 用“选择”工具将文字选定，按Ctrl+B组合键两次，文字打散成图形（图10-29）。

（5）渐变填充文字。调整文字大小和位置（图10-30）；选择“颜色”面板，弹出的对话框，渐变类型选择“线向渐变”，设置“线向渐变”颜色从红色到黄色，填充后效果如图10-31所示。

（6）文字描边。选择“墨水瓶”工具，在墨水瓶属性面板中设置线条颜色为白色，线条宽度为4，“笔触样式”为默认的实线；将鼠标移至舞台工作区中，鼠标变为墨水瓶形状，用鼠标单击文字边框，为文字添加白色的边框，如图10-32所示。

（7）添加投影效果。

① 选择所有文字，按F8键，将文字转化成影片剪辑元件，命名为“文字投影”，在属性面板选择“添加滤镜”按钮，在下拉菜单中选择“投影”（图10-33、图10-34）。

② 在“投影”面板，设置“强度”为50%（图

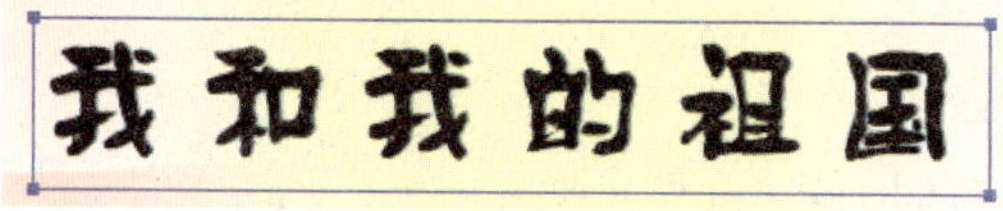

图10-28 输入文字

图10-29 文字转换成图形

图10-30 调整位置和大小

图10-31 填充完成效果

图10-32 文字边框

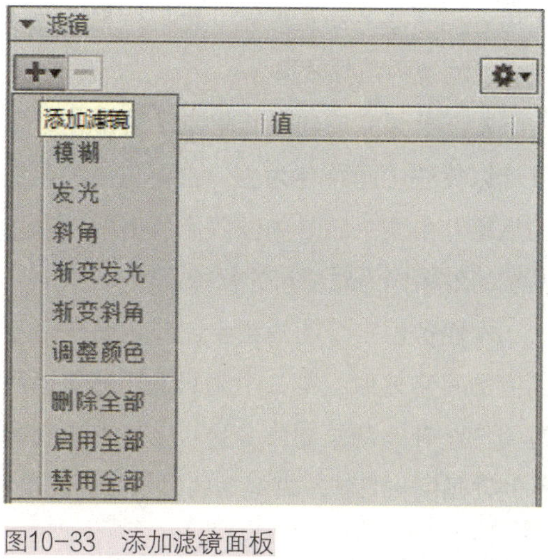

图10-33 添加滤镜面板

图10-34 添加投影效果

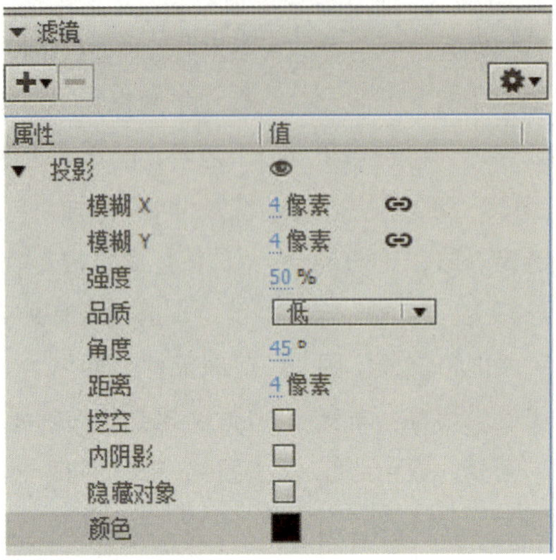

图10-35 “投影”面板设置

图10-36 完成效果

10-35），完成效果如图10-36所示。

至此，贺卡文字已全部完成，按Ctrl+Enter测试效果。

10.2 贺卡的制作——新年贺卡

10.2.1.1 任务知识分析

在制作电子贺卡时主要要考虑的是贺卡的主题、风格。在确定了主题和风格之后就要考虑以什么样的画面来表现主题了，要进行素材的准备、设计、制作，最后就是以动画的形式表现出来。在用Animate制作的电子贺卡中可以运用各种基本的动画形式，也可以把各种动画形式综合运用到影片中来，形成令人愉悦的视觉效果。

本任务要完成的是新年电子贺卡，新年是我国传统的节日，所以贺卡的设计以传统中国特色为主，主要色调采用红色，采用中国元素灯笼作为画面的点缀。中国书法是中国汉字特有的一种传统艺术，所以在贺卡中添加书法写字的效果作为对新年的祝福。

本任务由四个动画组合完成，第一个动画运用关键帧动画制作文字从无到有的写字效果；第二个动画运用遮罩动画制作文字扫光效果；第三个动画运用传统补间动画制作金猪从上往下出现的动画效果；第四个动画运用传统补间动画制作灯笼左右摇摆的风吹效果。最终完成效果如图10-37所示。

10.2.1.2　任务操作

（1）创建文档。选择“文件→新建”命令，在弹出的“新建文档”对话框中选择“AS3.0”选项，将宽设为600，高设为300，单击“确定”按钮，完成文档的创建。

（2）导入素材。

① 选择“文件→导入→导入到库”命令，在弹出的“导入到库”对话框中选择“素材→新年贺卡→01，02，03”文件。单击“打开”按钮，将文件导入“库”面板中（图10-38）。

② 将“图层1”命名为“背景”，把“库”面板中的位图“01”拖曳到舞台窗口中，在位图“属性”面板中将宽设为600，高设为300，“X”轴选项和“Y”轴选项均设为0，如图10-39所示。

（3）输入文字。

① 在“时间轴”面板中创建新图层，命名为“文字”。选择工具栏中“文

图10-37　贺卡最终效果图

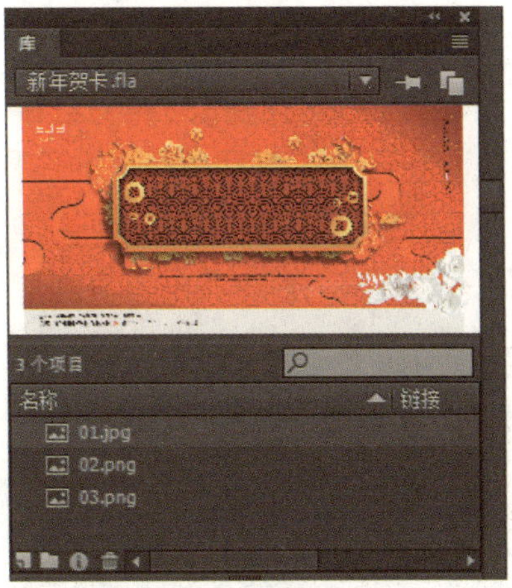

图10-38　文件导入“库”面板

图10-39　背景图层制作

本”工具，在舞台窗口单击鼠标左键，在弹出的文本框中输入“新年好”，在文本“属性”面板设置字体颜色为黄色，大小为75，字体为“华文隶书”（图10-40、图10-41）。

② 选择舞台窗口“新年好”文字，按Ctrl+B组合键，将文字“新年好”打散成3个单独的文字（图10-42）。

③ 在菜单栏选择“修改→时间轴→分散到图层”将“新年好”三个文字分别分散到三个单独图层（图10-43）。

（4）文字描边。选择图层“新”文字，按Ctrl+B组合键将文字转换为图像，在工具栏选择“墨水瓶”工具，在墨水瓶工具“属性”面板中将“笔触颜色”设为红色，“笔触”选项为1，用鼠标在文字边线上单击，对文字进行描边（图10-44）。同理，分别对图层“年”、图层“好”文字进行描边（图10-45）。

（5）文字动画制作。

① 在图层“新”第4帧上插入关键帧，单击工具栏中的“橡皮擦”工具，把“新”字的最后一笔擦除，擦除以后描边断开的部分“墨水瓶”描边进行闭合（图10-46）。在“背景”图层第140帧按F5插入普通帧，延长背景画面。

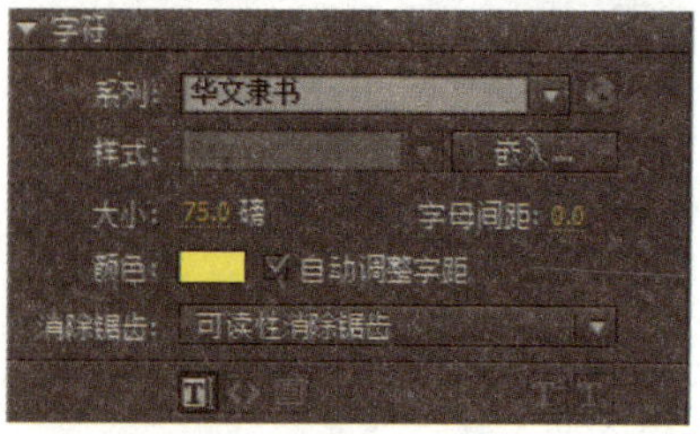

图10-40　字符设置

图10-41　文字着色效果

图10-42　文字打散

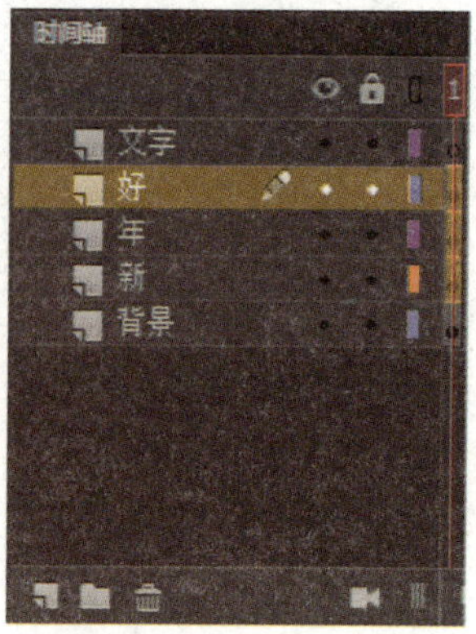

图10-43　图层分散

图10-44　“新”文字描边

图10-45 “新年好”文字描边

图10-46 笔画擦除

图10-47 逐笔擦除

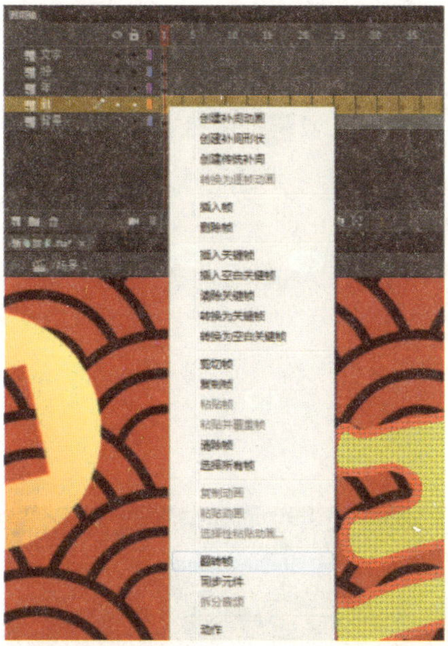

图10-48 帧反转

图10-50 文字反转效果

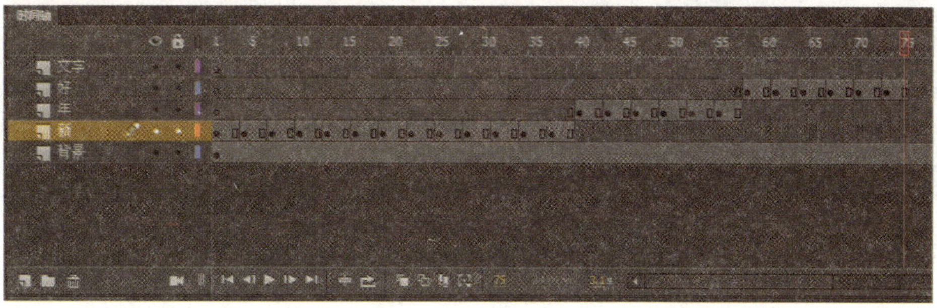

图10-49 帧反转效果

② 把时间轴移动到第7帧，按F6创建一个关键帧，按“新”字的书写笔画顺序，采用顺序的方式每3帧擦除一笔（图10-47）。

③ 继续创建关键帧，擦除笔画，完成之后播放动画，书写笔画与正常书写正好相反，需要把帧反转过来：选中所有关键帧，在选中的帧上点击鼠标右键，在弹出菜单中选择反转帧命令，让帧的顺序颠倒（图10-48）。

④ 使用相同的方法分别制作“年”“好”的书写效果（图10-49）。

⑤ 选中图层“年”第1至18帧，往后拖动，将第1帧拖至第40帧，选中图层“好”第1至18帧，往后拖动，将第1帧拖至第58帧，选中图层“新”“年”“好”三个图层的第140帧，按F5插入普通帧，书写完成后，如图10-50所示。

（6）扫光动画制作。

①在“时间轴”面板中选中“文字”图层，选择工具栏中的“文本”工具，在舞台窗口单击鼠标左键，在弹出的文本框中输入“新年好”，在文本“属性”面板设置字体颜色为白色，大小为75，字体为“华文隶书”（图10-51）。

②按Ctrl+B组合键将文字打散，再按一次Ctrl+B组合键将文字转换为图像，在工具栏选择“墨水瓶”工具，在墨水瓶工具“属性”面板中将“笔触颜色”设置为白色，“笔触”选项为1，用鼠标在文字边线上单击，对文字进行描边，并调整位置与舞台中的“新年好”位置重合，在“文字”图层第115帧按F5插入普通帧（图10-52）。

③在“时间轴”面板中创建新图层，命名为“扫光”，选择“扫光”图层的第90帧，按F6键插入关键帧，选择“椭圆”工具，在工具箱中将“笔触颜色”设为无，“填充颜色”设为红色，绘制椭圆，选择“任意变形”工具，调整椭圆的大小、位置（图10-53）。

④选择“扫光”图层的第115帧，按F6键插入关键帧，将椭圆移至“好”字的最右边（图10-54）。

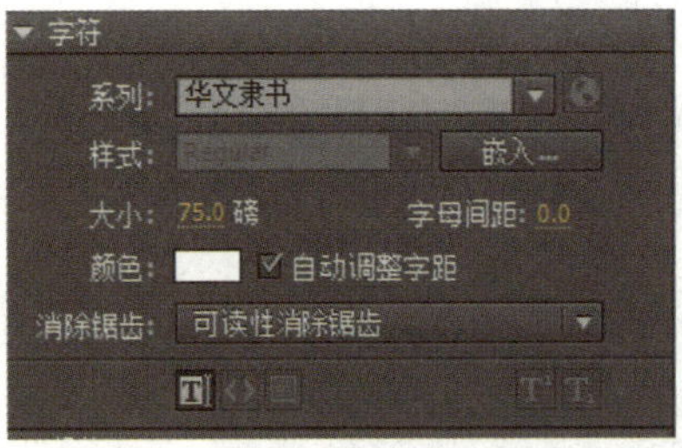

图10-51 字符属性

图10-52 位置调整

图10-53 颜色填充

图10-54 椭圆绘制

⑤ 用鼠标右键单击“扫光”图层的第90帧，在弹出的快捷菜单中选择“创建补间形状”命令，生成形状补间动画，在“扫光”图层上单击鼠标右键，在弹出的快捷菜单中选择“遮罩层”命令（如图10-55）。

图10-55 遮罩动画创建

（7）“金猪”动画制作。

① 在“时间轴”面板中创建新图层，命名为“金猪”，选择“金猪”图层的第110帧，按F6键插入关键帧，将库面板中的“图片02”拖入舞台调整大小、位置（图10-56）。

图10-56 “金猪”图层

② 选择“金猪”图层的第130帧，按F6键插入关键帧，将舞台中的“图片02”往下移动（图10-57）。

图10-57 金猪位置调整

③ 用鼠标右键单击“金猪”图层的第110帧，在弹出的快捷菜单中选择“创建补间形状”命令，生成形状补间动画，选中“金猪”“扫光”“文字”图层的第140帧，按F5插入帧，延长画面。

（8）“灯笼”动画制作。

① 在“时间轴”面板中创建新图层，命名为“灯笼”，选择“灯笼”图层的第1帧，将库面板中的“图片03”拖入舞台调整大小、位置（图10-58）。

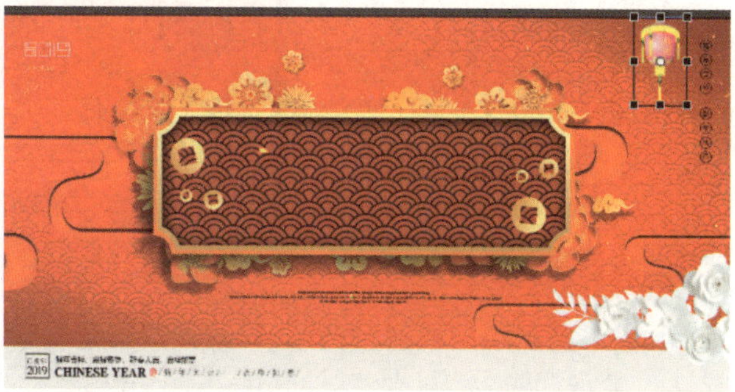

图10-58 “灯笼”图层

② 选择舞台中的“灯笼”，按F8键，将“灯笼”转化成影片剪辑元件，并命名为“灯笼”（图10-59）。

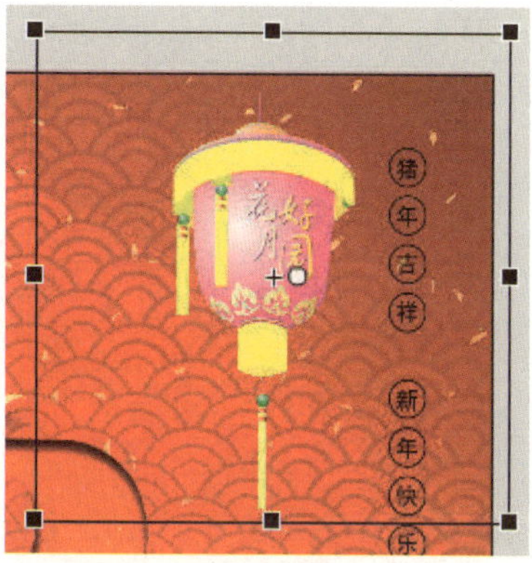

图10-59 “灯笼”元件

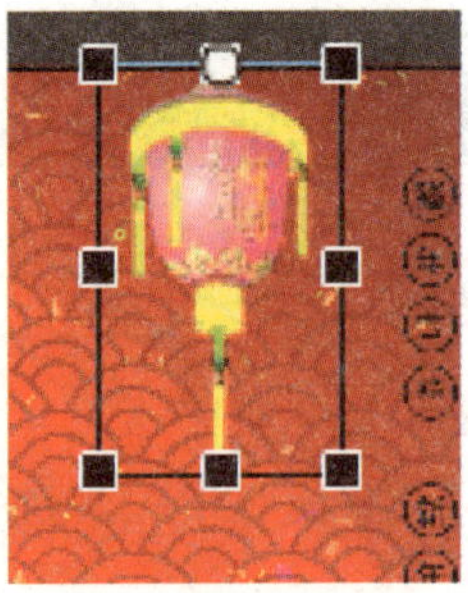

图10-60　中心点位置

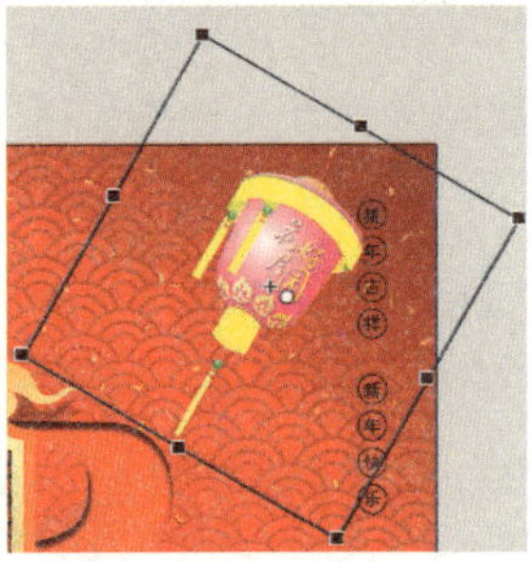

图10-61　左旋转

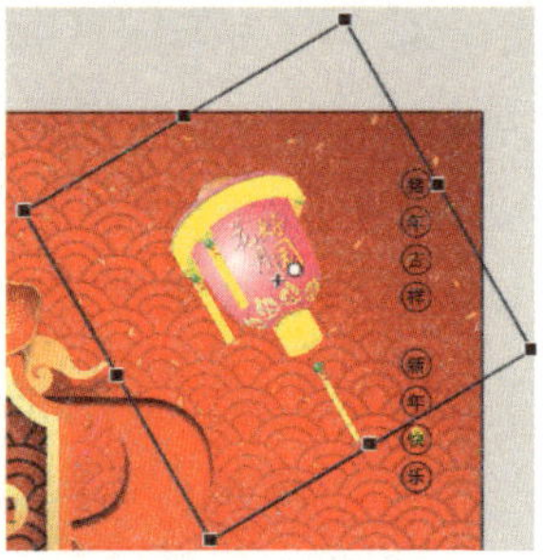

图10-62　右旋转

图10-63　新年贺卡效果

③ 选择“任意变形”工具，把灯笼中心点移动到灯笼上边（图10-60）。

④ 选中第1帧，向左旋转；选中第20帧，按F6键插入关键帧，向右旋转（图10-61、图10-62）。

⑤ 选中第1帧，单击鼠标右键“复制帧”，分别在第60帧、100帧、140帧单击鼠标右键“粘贴帧”；选中第20帧，单击鼠标右键“复制帧”，分别在第40帧、80帧、120帧单击鼠标右键“粘贴帧”，分别“创建传统补间”命令，生成补间动画（图10-63）。按Ctrl+Enter键测试，观看完成效果。

至此，“新年好”贺卡已全部完成，可通过Ctrl+Enter进行测试。

课后练习

制作端午节贺卡

使用“文本”工具，输入标题文字和介绍文字；使用“创建传统补间”命令，制作补间动画效果；使用“属性”面板，更改实例的不透明度，其最终效果如图10-64所示。

图10-64 端午节贺卡

项目11
网络广告的制作

素材　　PPT 课件

学习目标

1. 理解动画广告的作用以及网络中表现的形式。
2. 理解滤镜的作用和效果，以及滤镜参数的作用及设置。
3. 运用遮罩动作制作特写动画和文字出现的动画效果，以及背景音乐效果的制作。

11.1 网络广告

11.1.1 任务引入

通常做网站都需要用到动画广告。Animate动画制作的广告与传统的广告相比有着显著的优势。Animate具有制作成本少、周期短、产品可多样化，作为一种新兴传播媒体，Animate具有非常高的自由度与互动特性。人们瞄准Animate在中国的广泛应用与传播这个绝佳时机，从事制作的“闪客”和这一类公司如雨后春笋般冒了出来，证明有着供求双方的市场已经形成了。

本任务主要基于广告的作用，以及根据广告的表现形式，对内容采用不同颜色，形成不同的图像效果，以及运用不同的动画效果，制作中国郎酒网站片头的动画效果，参考“中国郎酒网站片头.exe”进行制作。

11.1.2 知识引入

11.1.2.1 动画网络广告的作用

动画广告是网络中应用最多、最优秀、最流行的网络广告形式之一，利用它制作公司形象、产品宣传等，能达到非常好的效果。主要通过其自身的特点：交互性、广泛性、针对性、表现形式多样性进行表现。

（1）生动的Animate广告可吸引、刺激网站浏览者点击动图页面，强烈的视觉冲击力可给人留下深刻的印象。

（2）将音乐、声效、动画及富有新意的界面融合，制作出高品质的动画效果。

（3）网络广告的传播范围广泛，能及时把信息发布出去。

（4）具有灵活性、实时性，经营决策的变化能得到及时实施和推广。

11.1.2.2 动画网络广告的形式

（1）多媒体广告。

① 广告描述。漂浮在网页上一层，内容用动画展示，使之更加形象生动，更能吸引眼球。

② 产品特点。内容展示灵活，创意能完全发挥；位置一直处在第一屏，广告百分百到达受众。

③ 规格要求。广告格式可以是GIF或SWF，并设计可关闭。常用尺寸：256×159、270×200、300×260等。

（2）图片广告。

① 广告描述。以GIF、JPG、SWF等格式建立的图像文件，定位在网页首页、频道、子频道等各级页面或文本页面的最上方，浏览者将最先注意到这个位置的广告。

② 产品特点。注目性强，易吸引眼球。

③ 规格要求。常用尺寸：750×80、750×100、588×95等，其格式主要是JPG、SWF、GIF等。

（3）弹窗广告。

① 广告描述。在用户浏览的网页上弹出的具有独立广告内容的窗口，一般在网页内容下载完成后弹出。

② 产品特点。将整个页面的广告内容展现给用户，可以表达丰富的产品信息，具有更强的视觉冲击。点击率高，并可迅速提升网站排名 。

③ 规格要求。广告窗口弹出后，位于当前窗口后面。常用尺寸：320×240、480×360、700×500、800×600等。

（4）文字链广告。

① 广告描述。是以一段或一排文字作为一个广告，点击文字链接可以进入相应的广告页面，这样的一种广告形式。

② 产品特点。对浏览者干扰最少，形式简单，但精心安排的文字能吸引用户点击。

③ 规格要求。单纯文字段，但文字精简，突出主题。

（5）对联广告。

① 广告描述。为利用网站页面左右两侧的竖式广告位置而设计的广告形式。

② 产品特点。使广告页面伸展，不影响用户浏览，随页面浏览跟随移动，吸引用户注意，广告形式温和，树立良好广告形象。

③ 规格要求。在页面两侧，文件格式可以是GIF、JPG等图像文件，Animate可以将广告开启，也可以关闭，根据各广告主的投放说明。

（6）视频广告。

① 广告描述。以数字视频为主要表现形式的新媒体广告业务，这里主要指互联网视频广告。

② 产品特点。生动、形象，有效吸引眼球，具有分众性的传播优势。

③ 规格要求。插入式视频广告、捆绑式视频广告、独立视频广告。

（7）网摘广告。

① 广告描述。以图文的形式展现给网民，网民进行点击，即为有效数据，站长就获得相应的佣金。因为采用轮显方式、刷新变换等方式，所以深受站长们的喜欢。

② 产品特点。图文的形式展现，生动、形象，能有效吸引眼球。

③ 规格要求。图片、ANIMATE均可，常用尺寸：360×300、360×408等。

11.1.2.3 广告滤镜的分析

（1）滤镜的概念与应用。

① 概念。滤镜的效果可应用到文本、图形图像、按钮和影片剪辑中的图形中。如斜角、投影、发光、模糊、渐变发光、渐变斜角、调整颜色等效果。

滤镜用于补间动画，即在补间动画的结束关键帧中，自动添加相匹配的滤镜效果，从而确保动画播放过程中该效果的连续性。

② 作用。滤镜用于为文本、按钮和影片剪辑增添有趣的视觉效果，并且可以将投影、模糊、发光和斜角等图形效果应用于图形元素。在属性检查器中单击“滤镜”标签，可显示“滤镜”面板。

③ 应用滤镜的方法。在舞台中选择文本、影片剪辑或按钮后，在“属性”面板中的“滤镜”，可打开“滤镜”面板，单击面板中的“添加滤镜”按钮，然后从弹出的下拉菜单中选择一个滤镜。

适应对象：文本、影片剪辑或按钮。

④ 滤镜效果。“投影”滤镜、“模糊”滤镜、“发光”滤镜、“斜角”滤镜、“渐变发光”滤镜、“渐变斜角”滤镜、“调整颜色”滤镜。

（2）滤镜的类型及应用。

①“投影”滤镜。用于模拟对象向一个表面投影的效果，或在背景中剪出一个形似对象的洞，来模拟对象的外观。

模糊：指设置投影的宽度和高度，设置“模糊X”和“模糊Y”值。

强度：指设置阴影暗度，设置“强度”值。数值越大，阴影越暗。

品质：指选择投影的质量级别。设置为“高”则近似于高斯模糊；设置为“低”可以实现最佳的回放性能。

角度：指设置阴影的角度。

距离：指设置阴影与对象之间的距离。

挖空：指可挖空（即从视觉上隐藏）源对象，并在挖空图像上只显示投影。

内阴影：指在对象边界内应用阴影。

隐藏对象：指隐藏对象并只显示其阴影，请选择“隐藏对象”。使用“隐藏对象”可以更轻松地创建逼真的阴影。

颜色：指打开颜色选择器并设置阴影颜色，请单击“颜色”控件。

②“模糊”滤镜。用于柔化对象的边缘和细节，可使对象看起来好像位于

其他对象的后面，或者看起来好像运动的。

模糊：若要设置模糊的宽度和高度，设置“模糊X”和“模糊Y”值。

品质：选择模糊的质量级别。设置为“高”则近似于高斯模糊；设置为“低”可以实现最佳的回放性能。

③“发光”滤镜。为对象的整体边缘应用颜色。

模糊：指设置发光的宽度和高度，请设置“模糊X”和“模糊Y”值。

颜色：指打开颜色选择器并设置发光颜色，请单击“颜色”控件。

强度：指设置发光的清晰度，请设置“强度”值。

挖空：指挖空（即从视觉上隐藏）源对象，并在挖空图像上只显示发光，请选择“挖空”。

④“斜角”滤镜。用于向对象应用加亮效果，使其看起来凸出于背景表面。可创建内斜角、外斜角或完全斜角，指设置斜角的类型，从“类型”菜单中选择一个斜角。

模糊：指设置斜角的宽度和高度，设置“模糊X”和“模糊Y”值。

阴影：从弹出的调色板中，选择斜角的阴影和加亮颜色。

强度：指设置斜角的不透明度而不影响其宽度。

角度：指更改斜边投下的阴影角度，请设置“角度”值。

距离：指定义斜角的宽度，请在“距离”中输入一个值。

挖空：指挖空（即从视觉上隐藏）源对象，并在挖空图像上只显示斜角，请选择“挖空”。

⑤“渐变发光”滤镜。用于在发光表面产生带渐变颜色的发光效果。从“类型”弹出菜单中，选择要为对象应用的发光类型。

模糊：指若要设置发光的宽度和高度，请设置“模糊X”和“模糊Y”值。

强度：指设置发光的不透明度而不影响其宽度，请设置“强度”值。

角度：指更改发光投下的阴影角度，请设置“角度”值。

距离：设置阴影与对象之间的距离，请设置“距离”值。

挖空：指挖空（即从视觉上隐藏）源对象，并在挖空图像上只显示渐变发光，请选择“挖空”。

渐变开始颜色：指定发光的渐变颜色。渐变包含两种或多种可相互淡入或混合的颜色。选择的渐变开始颜色称为Alpha颜色。

质量：选择渐变发光的质量级别。设置为“高”则近似于高斯模糊；设置为“低”可以实现最佳的回放性能。

— 注　意 —

第一个颜色指针的Alpha值为0，可调整其颜色，但不可调整其位置。颜色指针最多可增加15个。

⑥“渐变斜角”滤镜。用于产生一种凸起效果，使得对象看起来好像从背景上凸起，且斜角表面有渐变颜色。从“类型”弹出菜单上，选择要为对象应用的斜角类型。

若要设置斜角的宽度和高度，请设置“模糊X”和“模糊Y”值。

模糊：若要影响斜角的平滑度而不影响其宽度，请为“强度”输入一个值。

强度：若要设置光源的角度，请为“角度”输入一个值。

挖空：若要挖空（即从视觉上隐藏）源对象，并在挖空图像上只显示渐变斜角，请选择“挖空”。

渐变颜色：指定斜角的渐变颜色。渐变包含两种或多种可相互淡入或混合的颜色。中间的指针控制渐变的 Alpha 颜色。可以更改Alpha 指针的颜色，但是无法更改该颜色在渐变中的位置。

－注　意－

中间颜色指针的Alpha值为0，可调整其颜色，但不可调整其位置。必须有三个以上的颜色指针，颜色指针最多可增加15个。

⑦“调整颜色”滤镜。用于调整所选影片剪辑、按钮或文本对象的亮度、对比度、色相和饱和度。

亮度：调整图像的亮度。

对比度：调整图像的加亮、阴影及中调。

色相：调整颜色的深浅；色相为-180～180。

饱和度：调整颜色的强度。

11.1.3　任务实现——中国郎酒网站封面

11.1.3.1　任务知识分析

主要运用钢笔工具也可以灵活绘制具有不同弧度的曲线路径，并可用来抠取边缘光滑或不规则形状的对象，也可非常准确地描摹对象；同时利用形状工具、钢笔工具、路径面板实现制作中国郎酒网站片头的动画效果，参考“中国郎酒网站片头.exe”进行制作。

11.1.3.2　任务操作

（1）背景初始化。

①打开素材文件“中国郎酒 _素材.fla”，将文档保存为“中国郎酒网站片头”，“属性”面板中的FPS改为12.00，舞台大小为“1000×540”，背景颜色为白色“#FFFFFF”，其他默认。

②背景制作：将图层1改名为“背景”，将元件“shape1”拖入其舞台，

中部居中，并延长至135帧。

（2）“进入”按钮元件的制作。

① 在文件夹“Movie Clip”中新建影片剪辑元件“Button_text”，将元件“进”“入”依次拖入，并缩小为3%，然后再拖入元件“尖括号”，并缩小为5%。

② 新建按钮元件“Button”，将影片剪辑元件“Button_text”拖入编辑窗口中，在“指针经过”“按下”“点击”帧处插入关键帧，在“指针经过”“按下”帧处设置滤镜的“发光”，颜色为红色。

（3）“水波纹”的制作。

① 在文件夹“Movie Clip”中新建影片剪辑元件“水波纹”，延长到20帧，新建7个图层。

② 外围波纹的制作：分别在图层1、图层2、图层3、图层4、图层5的第10、11、12、13、14帧拖入元件“shape6“，其大小为10%、20%、35%、50%、60%，然后分别在其对应图层的第16、17、18、19、20帧修改其大小为40%、50%、70%、80%、90%，同时设置Alpha分别为25%、20%、15%、10%、5%，并分别创建传统补间动画，在图层1的第17帧、图层2的第18帧后再转换2个关键帧，逐渐减少Alpha的值。

③ 内围波纹的制作：在图层6的第1帧处插入关键帧，插入元件“shape6”，其大小为20%，Alpha为90%，将第2至12帧转换为关键帧，逐渐改变其大小至130%，同时逐渐减少Alpha的值至5%，最后将第1至12帧复制并粘贴到图层7的第2至13帧。

④ 删除所有图层第20帧后的帧。

（4）主场景“神采飞扬中国郎”动画的制作。

① 回到主场景，新建图层“神采飞扬”，在第23帧处插入关键帧，将元件“shape2”拖入第23帧处，坐标：X：294，Y：322，并在第32、33帧处插入关键帧。

② 将第32帧处坐标设为：X：294，Y：277，第33帧处坐标设为：X：294，Y：273，并将第23帧实例的Alpha设为5%，在第23至32帧间创建传统补间动画。

③ 新建图层“郎”，在第19帧至28帧间创建元件“shape3”，色彩效果“白色与黄色”的互相变化：在第19帧拖入元件“shape3”，坐标：X：500，Y：180，分别在第23、28帧处插入关键帧，将第23帧处的实例设为黄色（图11-1）。

④ 在第19至23帧、23至28帧间创建传统补间动画，最后将第19至28帧复制并粘贴多次至135帧处，删除135帧后的帧。

⑤ 新建图层“郎升”，在第1帧处将图形元件“shape”拖入舞台中，水平居中，底对齐，然后在第17、18帧处插入关键帧，其17帧的坐标为：X：500，Y：180，其Alpha值为70%；第18帧的坐标为：X：500，Y：181，其Alpha值为100%，最后在第1至17帧创建传统补间动画。

（5）“公司”文字动画的制作。

① 新建图层“公司”，在第35帧处插入关键帧，将元件“shape4”拖入第35帧处，X：360，Y：460，其Alpha值为2%。

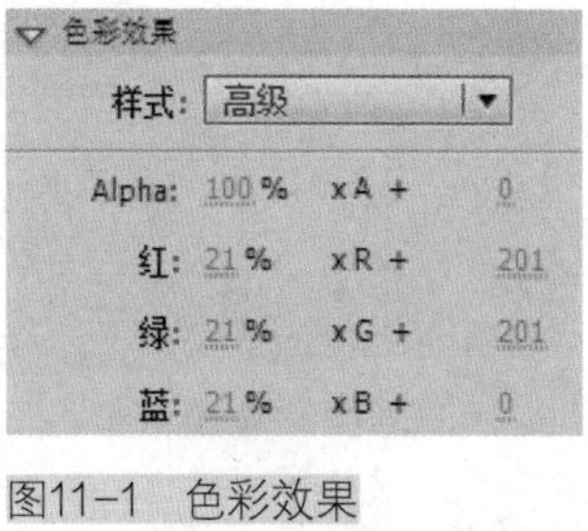

图11-1 色彩效果

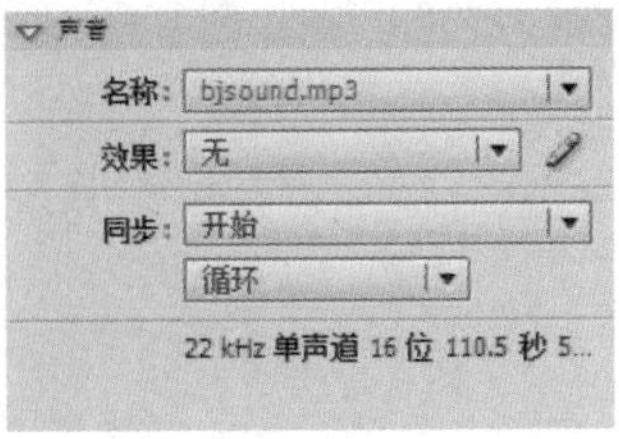

图11-2 声音设置

② 在第42、43帧处插入关键帧，并水平居中，其Alpha 值为100%，最后在第35至42帧间创建传统补间动画。

（6）“酒杯”动画的制作。

① 新建图层“酒杯”，在第45帧处插入关键帧，并将元件“shape5”拖入舞台X：850，Y：390，在第55、56帧插入一个关键帧，并将第45帧处的酒杯元件实例拖至工作区外右下角，然后将第45帧处实例的Alpha的值设为2%，最后在第95、96、135帧处插入关键帧，并在56～95帧、96～135帧创建传统补间动画。

② 新建图层“水波左”“水波右”，分别在第56帧插入关键帧，并将影片剪辑元件“水波纹”拖到两图层上，位置为酒杯口上，改变大小为75%。

（7）按钮“进入”及背景音乐的制作。

① 新建图层“进入”，在第20帧插入一个关键帧，并将元件“Button”拖入舞台右下角，在第30帧插入一个关键帧，将第30帧的实例横向右移其位置到右下角，然后设置第20帧实例的Alpha值为5%。

② 新建图层“music”，从库中将声音文件拖入该图层的第1帧，并在属性中设置相关参数（图11-2）。

至此，中国郎酒网站封面的设计与制作已完成，在实现过程中，要注重对位置、大小比例以及时间长短的控制，以达到自然流畅过程。

11.2 网络广告设计——汽车广告的制作

11.2.1 任务知识分析

运用Animate的常用工具、高级动画、滤镜等知识，实现不同时段的对汽车不同部位的特写显示，以及文字动画效果、落版动画效果的制作，参考文件“汽车广告.exe”，如图11-3所示。

11.2.2 任务操作

11.2.2.1 制作汽车动画效果

（1）文档创建。

① 选择“新建”→“新建”→“新建文档”对话框→“类型”选择Action Script 3.0，将文档保存为“汽车广告.fla”，“属性”面板中的舞台大小为“500×200”，其他为默认。

图11-3　遮罩动画

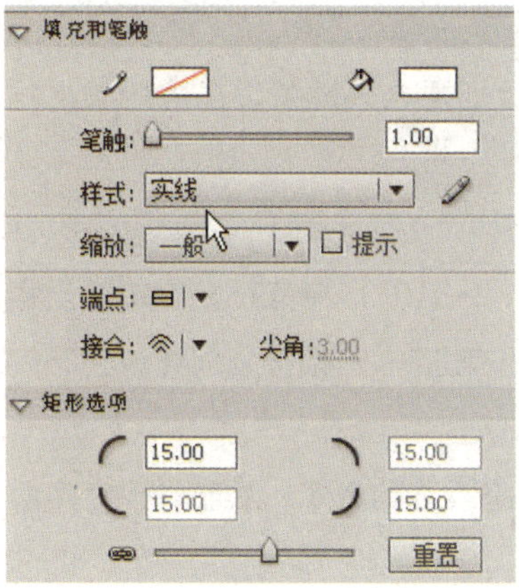

图11-4　参数设置

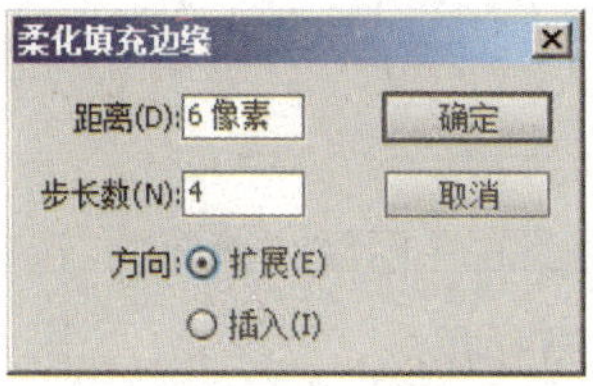

图11-5　柔化填充边缘参数

图11-6　柔化填充边缘效果

② 将素材文件“背.jpg”导入至舞台，变形为原来的70%，其坐标位置为“X：0，Y：0”，并延长帧至第500帧处，大小为“500×200”。

（2）边框及其动画的制作。

① 新建图层“遮罩”，选择“矩形工具”，在“属性”面板设置“矩形选项”的边角半径为15，笔触为空，填充颜色为白色，并绘制一个宽为216，高度140的矩形，如图11-4的所示，并设置该矩形的坐标位置为“X：11，Y：27”，最后该矩形转换为图形元件“白色矩形”，转换时其对齐的注册点在左上角

。

② 复制白色圆角矩形，并新建图层“边框”，在第1帧处，按Ctrl+Shift+V组合键将复制的矩形粘贴到原来的位置，按Ctrl+B组合键分离，选择菜单“修改”→“形状”→“柔化填充边缘”命令，设置图11-5中的参数后，实现矩形填充边缘。

③ 在“边框”层中，选中矩形，按Ctrl+B组合键将白色矩形的填充色和边框色分离，再锁定“遮罩”及“背景”图层，然后选择“边框”图层中的填充色，并将其删除，留下白色边框，如图11-6所示。

④ 选中白色边框，并转换为图形元件“边框”，其对齐的注册点在左上角

，将第15帧转换为关键帧，然后在第1帧处调整白色边框的高度为1，纵坐标为“Y：100”。

⑤ 在第1～15帧创建传统补间动画，从而形成白色框逐渐展开的动画效果。

（3）图层“汽车1”动画的制作（右侧灯位于方框内部显示）。

① 在“遮罩”和“边框”图层的第336帧处插入空白关键帧。

② 在“背景”图层的上方新建图层“汽车1”，在第16帧处插入空白关键帧，然后将素材文件“汽车.jpg”导入到舞台中，设置“汽车”其宽、高分别为1140、638.5，坐标位置为“X：－335，Y：-328”。

③ 设置“右侧灯”位于方框内部显示：将图片汽车转换为图形元件“汽车”，转换时其对齐的注册点在左上角

。

④ 在“汽车1”图层的第27帧、75帧处分别插入关键帧，在第76帧入插入空白关键帧。

⑤ 在第16帧处将汽车的Alpha值设置为3%。

⑥ 将第27帧汽车的坐标为“X：-360，Y：-310”，将第75帧汽车的坐标为“X：-380，Y：-290”，并在第16～27帧和第27～75帧分别创建传统补间动画。

⑦ 在时间轴上右击图层“遮罩”，选择“遮罩层”命令，从而实现对图层“汽车1”起到遮罩作用。

（4）“过渡1”图层的制作。

① 在“汽车1”图层的上方新建图层“过渡1”，（使其位于“遮罩”图层的作用下）在第68帧处插入空白关键帧，从库中将图形元件“白色矩形”拖入到主场景中，其坐标“X：11，Y：27”，并按Ctrl+B分离。

② 在第75帧处插入关键帧，在第85帧处插入空白关键帧，并在第68帧处的“颜色”面板中将Alpha值设置为0%，如图11-7所示，使该矩形变成透明的效果。

③ 在第68～75帧创建补间形状动画。

（5）图层“汽车2”动画及“过渡2”图层的制作（左侧车头位于方框内部）。

① 在“过渡1”上新图层“汽车2”，在第75帧处插入空白关键帧。

② 设置左侧车头位于方框内部显示：从库中将元件“汽车”插入舞台中，其坐标“X：-100，Y：-358”。

③ 分别在第85帧、140帧处插入关键帧，在第141帧处插入空白关键帧，将第75帧处的汽车Alpha值设为3%。

④ 设置第85帧汽车位置为“X：-140，Y：-380”，第140帧汽车位置为“X：-290，Y：-420”。

⑤ 在第75～85帧、第85～140帧创建传统补间动画，加锁后播放测试。

⑥ 在“汽车2”图层的上方新建图层“过渡2”，并在第133帧处插入空白

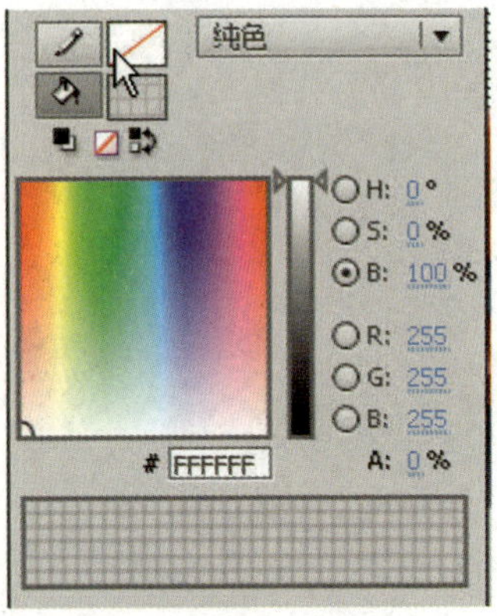

图11-7 “颜色”面板

关键帧。

⑦ 将图层“过渡1”的第68～85帧至复制到图层“过渡2”的第133至150帧处。

（6）图层“汽车3”动画及“过渡3”图层的制作（汽车右侧车轮位于方框内部）。

① 在“过渡2”上新图层“汽车3”。

② 设置汽车右侧车轮位于方框内部显示：在第140帧插入空白关键帧，从库中将元件“汽车”插入舞台，其坐标为“X：-520，Y：-400”。

③ 分别在第149帧、第205帧处插入关键帧，在第206帧处插入空白关键帧，将第140帧中的汽车Alpha值设为0%。

④ 将149帧汽车的坐标设为“X：-560，Y：-350”，将205帧汽车的坐标设为“X：-780，Y：-190”。

⑤ 在第140～149帧、第149～205帧创建传统补间动画。

⑥ 在图层“汽车3”上新建图层“过渡3”，在第198帧处插入空白关键帧，图层“过渡1”的第68～85帧至复制到图层“过渡3”的第198帧处。

（7）图层“汽车4”动画及“过渡4”图层的制作。

① 在“过渡3”上新图层“汽车4”。

② 设置汽车左侧玻璃位于方框内部显示：在第205帧插入空白关键帧，从库中将元件“汽车”插入舞台上，其坐标为“X：-280，Y：-100”。

③ 分别在第215帧、第270帧处插入关键帧，在第271帧处插入空白关键帧，将第205帧中的汽车Alpha值设为0%。

④ 将215帧汽车的坐标设为“X：-314，Y：-100”，将270帧汽车的坐标设为“X：-550，Y：-100”。

⑤ 在第205～215帧、第215～270帧创建传统补间动画。

⑥ 在图层“汽车4”上新建图层“过渡4”，在第263帧处插入空白关键帧，图层“过渡1”的第68～85帧至复制到图层“过渡4”的第263帧处。

（8）图层“汽车5”动画及“过渡5”图层的制作（汽车上部位于方框内部）。

① 在“过渡4”上新图层“汽车5”。

② 设置“汽车上部”位于方框内部；在第270帧插入空白关键帧，从库中将元件“汽车”插入舞台上，其坐标为“X：-550，Y：-22”。

③ 分别在第280帧、第335帧处插入关键帧，在第336帧处插入空白关键帧，将第270帧中的汽车Alpha值设为0%。

④ 将280帧汽车的坐标设为“X：-550，Y：-100”，将335帧汽车的坐标设为“X：-500，Y：-230”。

⑤ 在第270～280帧、第280～335帧创建传统补间动画。

⑥ 在图层“汽车5”上新建图层“过渡5”，在第328帧处插入空白关键帧，图层“过渡1”的第68～85帧复制到图层“过渡5”的第328帧处，并将最后的空白关键帧移到第336帧。

（9）“汽车”滤镜的制作。

① 在“过渡5”的上方新建图层“汽车”，在第336帧处插入空白关键帧，将素材文件“汽车.png”导入舞台中，其坐标“X：10，Y：25”，并将其转换为影片剪辑元件“汽车2”，注册点为左上角。

② 分别在“汽车”层的第338、340、343帧处插入关键帧，然后选择第336帧中的元件，在“属性”面板上为其添加“模糊”滤镜，设置横向模糊数值为“50像素”，品质为“高”，其余为0；选择第338帧中的元件添加“模糊”滤镜，设置横向模糊数值为“30像素”，品质为“高”，其余为0；选择第340帧中的元件添加“模糊”滤镜，设置横向模糊数值为“20像素”，品质为“高”，其余为0。

③ 在第336～338帧、第338～340帧、第340～343帧创建传统补间动画。

（10）保存测试，完成汽车动画的制作。

11.2.2.2 制作文字动画效果

（1）将文件“汽车广告.fla”另存为“汽车广告2.fla”。

（2）文字1动画制作（美引力、欧尚设计、潮流风范）。

A. “美引力”文字动画

① 插入新的影片剪辑元件“文字1”，输入文字“美引力”，字体为“微软雅黑”，字体大小为“23点”，颜色为红色，坐标为“X：0，Y：0”；选中文字将其转换为影片剪辑元件text1。

② 在剪辑元件“文字1”的第10帧处插入关键帧，然后设置第1帧中的坐标为“X：-20”，Alpha值为0%，在第1～10帧创建传统补间动画。

③ 在第49、56、58帧插入关键帧，选择第56帧中的元件，添加“模糊”滤镜，横向值为30像素，选择第58帧的元件，Alpha值为0%。

④ 在第49～56帧、56～58帧创建传统补间动画。

B. “欧尚设计”文字动画

① 新建图层2，在第15帧处插入空白关键帧，输入文字“欧尚设计”，字体为黑体、颜色为黑色、大小16点，坐标为“X：45，Y：35”，并将文字元件转换为影片剪辑元件text2。

② 在图层2的第22帧、26帧处分别插入关键帧，将第15帧处的文字元件变形缩小为原来的80%，坐标为“X：30，Y：25”，设置第22帧元件的位置为“X：35，Y：30”。

③ 在第15～22帧、第22～26帧创建传统补间动画。

④ 分别在第49、56、58帧插入关键帧，选择第56帧中的元件，为其添加模糊滤镜，横向模糊值为30像素；选择第58帧中的元件，设置文字的Alpha值为0%。

⑤ 在第49～56帧、56～58帧创建传统补间动画。

C. “潮流风范”文字动画

① 新建图层3，在第19帧处插入空白关键帧，输入文字“潮流风范”，字

体为黑体、颜色为黑色、大小16点，坐标为“X：60，Y：60”，并将文字元件转换为影片剪辑元件text3。

② 在图层2的第26帧、30帧处分别插入关键帧，将第19帧处的文字元件变形缩小为原来的80%，坐标为“X：50，Y：45”，设置第26帧元件的位置为“X：55，Y：55”。

③ 在第19～26帧、第26～30帧创建补间动画。

④ 分别在第49、56、58帧插入关键帧，选择第56帧中的元件，为其添加模糊滤镜，横向模糊值为30像素；选择第58帧中的元件，设置文字的Alpha值为0%。

⑤ 在第49～56帧、56～58帧创建传统补间动画。

⑥ 返回“场景1”，在“边框”层的上方新建图层“文字1”，在第16帧处插入空白关键帧，从库中将元件“文字1”拖入舞台，坐标为“X：280，Y：50”，然后在第76帧处插入空白关键帧。

（3）文字2动画制作（质引力、内外兼修、励精图治）。

A. “质引力”文字动画

① 插入新的影片剪辑元件“文字2”，输入文字“质引力”，字体为“微软雅黑”，字体大小为“23点”，颜色为红色，坐标为“X：0，Y：0”；选中文字将其转换为影片剪辑元件text4。

② 在剪辑元件“文字2”的第10帧处插入关键帧，然后设置第1帧中的坐标为“X：−20”，Alpha值为0%，在第1～10帧创建传统补间动画。

③ 在第54、60、65帧插入关键帧，选择第60帧中的元件，添加“模糊”滤镜，横向值为30像素，选择第65帧的元件，Alpha值为0%。

④ 在第54～60帧、60～65帧创建传统补间动画，实现文字模糊并消失的动画效果。

B. “内外兼修”文字动画

① 新建图层2，在第15帧处插入空白关键帧，输入文字“内外兼修”，字体为黑体，颜色为黑色，大小16点，坐标为“X：35，Y：35”，并将文字元件转换为影片剪辑元件text5。

② 在图层2的第30帧处插入关键帧，将第15帧处的文字元件坐标设为“X：80”，并为其添加模糊滤镜，横向模糊值为30像素。

③ 在第15～30帧间创建传统补间动画。

④ 分别在第54、60、65帧插入关键帧，选择第60帧中的元件，为其添加模糊滤镜，横向模糊值为30像素；选择第65帧中的元件，设置文字的Alpha值为0%。

⑤ 在第54～60帧、60～65帧创建传统补间动画，实现文字模糊并消失的动画效果。

C. “励精图治”文字动画

① 新建图层3，在第15帧处插入空白关键帧，输入文字“励精图治”，字

体为黑体，颜色为黑色，大小16点，坐标为“X：50，Y：60”，并将文字元件转换为影片剪辑元件text6。

② 在图层3的第30帧处分别插入关键帧，将第15帧处的文字元件的坐标设为“X：0”，为其添加模糊滤镜，横向模糊值为30像素。

③ 在第15～30帧创建补间动画。

④ 分别在第54、60、65帧插入关键帧，选择第60帧中的元件，为其添加模糊滤镜，横向模糊值为30像素；选择第65帧中的元件，设置文字的Alpha值为0%。

⑤ 在第54～60帧、60～65帧创建传统补间动画。

⑥ 返回“场景1”，在“文字1”图层的上方新建图层“文字2”，在第76帧处插入空白关键帧，从库中将元件“文字2”拖入舞台，坐标为“X:280,Y:50”，然后在第141帧处插入空白关键帧。

（4）文字3动画制作（智引力、人性科技、智高一筹）。

A. “智引力”文字动画。

① 插入新的影片剪辑元件“文字3”，输入文字“智引力”，字体为“微软雅黑”，字体大小为“23点”，颜色为红色，坐标为“X：0，Y：0”；选中文字将其转换为影片剪辑元件text7。

② 在影片剪辑元件“文字3”的第10帧处插入关键帧，然后设置第1帧中的坐标为“X：35”，Alpha值为0%，在第1～10帧创建传统补间动画。

③ 在第56、65帧插入关键帧，选择第65帧的元件，Alpha值为0%。

④ 在第56～65帧创建传统补间动画，实现文字模糊并消失的动画效果。

B. “人性科技”文字动画。

① 新建图层2，在第15帧处插入空白关键帧，输入文字“人性科技”，字体为黑体，颜色为黑色、大小16点，坐标为“X：40，Y：35”，并将文字元件转换为影片剪辑元件text8。

② 在图层2的第30帧处插入关键帧，为第15帧处的文字元件添加模糊滤镜，横向模糊值为30像素。

③ 在第15～30帧创建传统补间动画。

④ 在第56、65帧插入关键帧，选择第65帧的元件，Alpha值为0%。

⑤ 在第56～65帧创建传统补间动画，实现文字模糊并消失的动画效果。

C. “励精图治”文字动画。

① 新建图层3，在第15帧处插入空白关键帧，输入文字“智高一筹”，字体为黑体，颜色为黑色，大小16点，坐标为“X：56，Y：60”，并将文字元件转换为影片剪辑元件text9。

② 在图层3的第30帧处分别插入关键帧，为第15帧处的文字元件添加模糊滤镜，横向模糊值为30像素。

③ 在第15～30帧创建补间动画。

④ 在第56、65帧插入关键帧，选择第65帧的元件，Alpha值为0%。

⑤ 在第56～65帧创建传统补间动画，实现文字模糊并消失的动画效果。

⑥ 返回“场景1”，在“文字2”图层的上方新建图层“文字3”，在第140帧处插入空白关键帧，从库中将元件“文字3”拖入舞台，坐标为“X:280,Y:50”，然后在第205帧处插入空白关键帧。

（5）文字4动画制作（动引力、动感在握、权利表现）。

A.“动引力”文字动画。

① 插入新的影片剪辑元件“文字4”，输入文字“动引力”，字体为“微软雅黑”，字体大小为“23点”，颜色为红色，坐标为“X：0，Y：0”；选中文字将其转换为影片剪辑元件text10。

② 在影片剪辑元件“文字4”的第10帧处插入关键帧，然后设置第1帧中的Alpha值为0%，在第1～10帧创建传统补间动画。

③ 在第56、65帧插入关键帧，选择第65帧的元件，Alpha值为0%。

④ 在第56～65帧创建传统补间动画，实现文字模糊并消失的动画效果。

B.“动感在握”文字动画。

① 新建图层2，在第15帧处插入空白关键帧，输入文字“动感在握”，字体为黑体，颜色为黑色、大小16点，坐标为“X：40，Y：35”，并将文字元件转换为影片剪辑元件text11。

② 在图层2的第25帧处插入关键帧，设置第15帧处的文字元件的Alpha值为0%。

③ 在第15～30帧创建传统补间动画。

④ 在第56、65帧插入关键帧，选择第65帧的元件，Alpha值为0%。

⑤ 在第56～65帧创建传统补间动画，实现文字模糊并消失的动画效果。

C.“权利表现”文字动画。

① 新建图层3，在第19帧处插入空白关键帧，输入文字“权利表现”，字体为黑体，颜色为黑色、大小16点，坐标为“X：56，Y：60”，并将文字元件转换为影片剪辑元件text12。

② 在图层3的第28帧处插入关键帧，设置第19帧处的文字元件的Alpha值为0%。

③ 在第19～28帧创建补间动画。

④ 在第56、65帧插入关键帧，选择第65帧的元件，Alpha值为0%。

⑤ 在第56～65帧创建传统补间动画，实现文字模糊并消失的动画效果。

⑥ 返回“场景1”，在“文字3”图层的上方新建图层“文字4”，在第205帧处插入空白关键帧，从库中将元件“文字4”拖入舞台，坐标为“X:280,Y:50”，然后在第271帧处插入空白关键帧。

（6）文字5动画制作（绿引力、责任之心、绿动未来）。

A.“绿引力”文字动画。

① 插入新的影片剪辑元件“文字5”，输入文字“绿引力”，字体为“微软雅黑”，字体大小为“23点”，颜色为红色，坐标为“X：0，Y：0”；选中文字

将其转换为影片剪辑元件text13。

② 在影片剪辑元件“文字5”的第10帧处插入关键帧，然后设置第1帧中的Alpha值为0%，纵坐标位置为“Y:30”，在第1～10帧间创建传统补间动画。

③ 在第56、65帧插入关键帧，选择第65帧的元件，Alpha值为0%。

④ 在第56～65帧创建传统补间动画，实现文字模糊并消失的动画效果。

B. “责任之心”文字动画。

① 新建图层2，在第15帧处插入空白关键帧，输入文字“责任之心”，字体为黑体，颜色为黑色、大小16点，坐标为“X：40，Y：35”，并将文字元件转换为影片剪辑元件text14。

② 在图层2的第25、56、65帧处插入关键帧。

③ 设置第15帧处的文字元件的Alpha值为0%，横坐标为“X：-20”。

④ 设置第25帧处文字元件的横坐标为“X：10”。

⑤ 选择第65帧的文字元件的横坐标为“X：50”，Alpha值为0%。

⑥ 在第15～25、25～56、56～65帧创建传统补间动画，实现文字模糊并消失的动画效果。

C. “绿动未来”文字动画。

① 新建图层3，在第15帧处插入空白关键帧，输入文字“绿动未来”，字体为黑体，颜色为黑色、大小16点，坐标为“X：56，Y：60”，并将文字元件转换为影片剪辑元件text15。

② 在图层3的第25、56、65帧处插入关键帧。

③ 设置第15帧处的文字元件的Alpha值为0%，横坐标为“X：-5。

④ 设置第25帧处文字元件的横坐标为“X：25”。

⑤ 选择第65帧的文字元件的横坐标为“X：65”，Alpha值为0%。

⑥ 在第15～25、25～56，56～65帧创建传统补间动画，实现文字模糊并消失的动画效果。

⑦ 返回“场景1”，在“文字4”图层的上方新建图层“文字5”，在第270帧处插入空白关键帧，从库中将元件“文字5”拖入舞台，坐标为“X:280,Y:50”，然后在第336帧处插入空白关键帧。

11.2.2.3 制作落版动画效果

落版动画是指Animate影片中最终的定格动画效果。

（1）“波浪”元件的制作。

① 新建影片剪辑元件“波浪”，先暂时将元件舞台背景设为较深的颜色，完成后恢复为白色。

② 使用钢笔工具进行锚点，颜色为白色，并通过手柄进行调整波浪形，绘制如图11-8所示的闭合曲线，曲线两端的垂直线通过转换锚点工具选择手柄进行调整。

③ 通过颜色面板中的“线性渐色”进行填充：白色—透明—白色—透明—白色，如图11-9所示，坐标为“X：0，Y：0”；注意上下两行的锚点

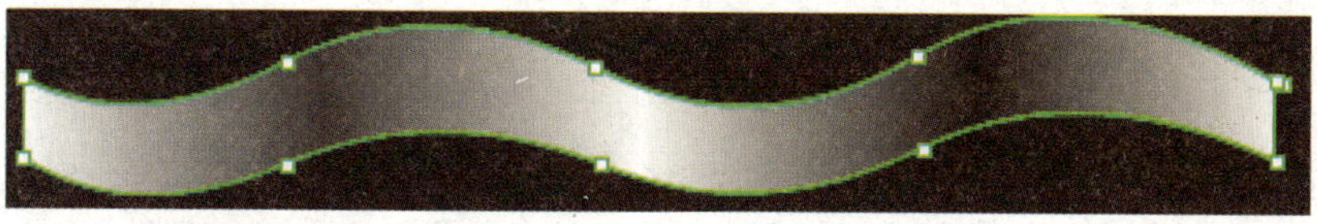

图11-8 “波浪”元件

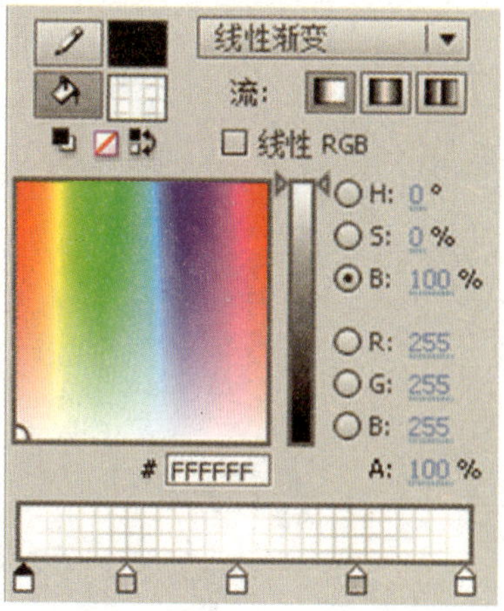

图11-9 线性颜色

最好在两排的同一水平线上，两行锚点成对出现，透明指颜色面板中Alpha为0%。

④ 选中曲线图形，按住Ctrl键将曲线向右拖动复制两次，将三条波浪图全部选中，转换为图形元件“波浪图形”，然后在元件“波浪”图层中的第40帧处插入关键帧，横坐标为X：-400，在第1～40帧创建传统补间动画。

⑤ 舞台背景色设为白色，按Ctrl+Enter进行测试动画效果。

（2）文字6的制作。

① 新建影片剪辑元件“文字6”，在图层1中输入文字“欧尚潮流生活车”，其坐标“X:0,Y:0”，字体为新宋体，大小为30点，颜色为红色。

② 将文字“欧尚潮流生活车”转换为图形元件text16，然后在第10帧处插入关键帧，设置第1帧元件的横坐标为“X：200”，Alpha值为0%，在第1～10帧创建传统补间动画，并在第165帧处插入帧。

③ 新建图层2，在第10帧处插入空白关键帧，从库中将“波浪”元件拖入舞台，其坐标为“X：0，Y：17”。

④ 新建图层3，在第10帧处插入空白关键帧，从库中将text16元件拖入舞台，坐标为“X：0，Y：0”，与图层1中的文字位置重合，右击图层3，选择“遮罩层”命令，达到遮罩作用。

⑤ 新建图层4，在第20帧处插入空白关键帧，输入文字“帝豪EC7－RV”，坐标“X：80，Y：55”，字体为“黑体”，大小为20点，颜色为黑色。

⑥ 将文字“帝豪EC7－RV”，转换为图形元件text17，在第30帧处插入关键帧，调整第20帧元件的横坐标为“X：60”，Alpha值为0%，在第20～30帧间创建传统补间动画。

⑦ 返回“场景1”，在“文字5”图层的上方新建图层“文字6”，在第335帧处插入空白关键帧，从库中将元件“文字6”拖入舞台，坐标为“X：280，Y：50”。

11.2.2.4 测试

至此，汽车广告设计完成，可以选择“控制→测试影片→测试”，进行发布测试。在动画设计过程中，注重相对位置、大小比例以及时间长短的控制，以达到自然流畅的过程。

课后练习

制作滑雪网站广告

使用“矩形”工具和“文本”工具，制作按钮效果；使用“创建传统补间”命令，制作导航条动画效果；使用“动作”面板，添加脚本语言（图11-10）。

图11-10 滑雪网站广告效果